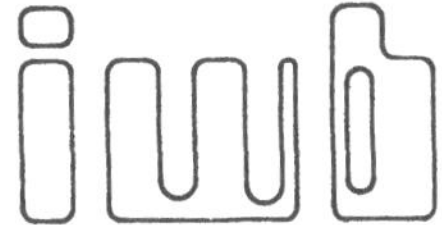

Forschungsberichte · Band 35

Berichte aus dem
Institut für Werkzeugmaschinen
und Betriebswissenschaften
der Technischen Universität München

Herausgeber: Prof. Dr.-Ing. J. Milberg

Otto Moser

3D-Echtzeitkollisionsschutz für Drehmaschinen

Mit 66 Abbildungen

Springer-Verlag Berlin Heidelberg GmbH 1991

Dipl.-Ing. Otto Moser
Institut für Werkzeugmaschinen und Betriebswissenschaften (iwb), München

Dr.-Ing. J. Milberg
o. Professor an der Technischen Universität München
Institut für Werkzeugmaschinen und Betriebswissenschaften (iwb), München

D 91

ISBN 978-3-540-54076-2 ISBN 978-3-662-21588-3 (eBook)
DOI 10.1007/978-3-662-21588-3

Ursprünglich erschienen bei Springer-Verlag Berlin Heidelberg New York 1991

Gesamtherstellung: Hieronymus Buchreproduktions GmbH, München
2362/3020-543210

Geleitwort des Herausgebers

Die Verbesserung der Fertigungsmaschinen, der Fertigungsverfahren und der Fertigungsorganisation zur Steigerung der Produktivität und Verringerung der Fertigungskosten ist eine ständige Aufgabe der Produktionstechnik. Die Situation in der Produktionstechnik ist durch abnehmende Fertigungslosgrößen und zunehmende Personalkosten sowie durch eine unzureichende Nutzung der Produktionsanlagen geprägt. Neben den Forderungen nach einer Verbesserung der Mengenleistung und der Arbeitsgenauigkeit gewinnt die Steigerung der Flexibilität von Fertigungsmaschinen und Fertigungsabläufen immer mehr an Bedeutung. In zunehmendem Maße werden Programme, Einrichtungen und Anlagen für rechnergestützte und flexibel automatisierte Produktionsabläufe entwickelt.

Ziel der Forschungsarbeiten am Institut für Werkzeugmaschinen und Betriebswissenschaften der Technischen Universität München (iwb) ist die weitere Verbesserung der Fertigungsmittel und Fertigungsverfahren im Hinblick auf eine Optimierung der Arbeitsgenauigkeit und Mengenleistung der Fertigungssysteme. Dabei stehen Fragen der anforderungsgerechten Maschinenauslegung sowie der optimalen Prozeßführung im Vordergrund. Ein weiterer Schwerpunkt ist die Entwicklung fortgeschrittener Produktionsstrukturen und die Erarbeitung von Konzepten für die Automatisierung des Auftragsdurchlaufes. Das Ziel ist eine Integration der technischen Auftragsabwicklung von der Konstruktion bis zur Montage.

Die im Rahmen dieser Buchreihe erscheinenden Bände stammen thematisch aus den Forschungsbereichen des iwb: Fertigungsverfahren, Werkzeugmaschinen, Fertigungsautomatisierung und Montageautomatisierung. In ihnen werden neue Ergebnisse und Erkenntnisse aus der praxisnahen Forschung des iwb veröffentlicht. Diese Buchreihe soll dazu beitragen, den Wissenstransfer zwischen dem Hochschulbereich und dem Anwender in der Praxis zu verbessern.

Joachim Milberg

Vorwort

Die vorliegende Dissertation entstand während meiner Tätigkeit als wissenschaftlicher Mitarbeiter am Institut für Werkzeugmaschinen und Betriebswissenschaften (iwb) der Technischen Universität München.

Herrn Professor Dr.-Ing. J. Milberg, dem Leiter des Instituts, danke ich für seine wohlwollende Unterstützung und die großzügige Förderung bei der Durchführung dieser Arbeit.

Herrn Professor Dr.-Ing. G. Pritschow, dem Leiter des Instituts für Steuerungstechnik der Werkzeugmaschinen und Fertigungseinrichtungen der Universität Stuttgart danke ich für die Übernahme des Koreferats.

Bei allen Mitarbeiterinnen und Mitarbeitern des Instituts sowie allen Studenten, die mich bei der Erstellung der Arbeit unterstützt haben, bedanke ich mich recht herzlich.

München, im März 1991 *Otto Moser*

Inhaltsverzeichnis

Formelzeichen

a,b	Streckenverhältnis von Startpunkt und Zielpunkt zum Istpunkt bei der Positionskorrektur
$\overline{AB}$	Kante einer Fläche für Kollisionstest
$\alpha, \beta, \varphi, \psi$	Segmentwinkel bei der Kreispoligonalisierung
M_{AL}	Matrix für Transformation der Drehachse des Werkzeugrevolvers in die aktuelle Lage
M_{γ}	Matrix für Rotation des Werkzeugrevolvers
M_{GU}	Matrix für Rotation eines Punktes im Gegenuhrzeigersinn
M_{φ}	Matrix für die Abbildung der Stützpunkte bei der Kreispoligonalisierung
M_{ROT}	Matrix für Werkzeugwechsel
M_{U}	Matrix für Rotation eines Punktes im Uhrzeigersinn
M_{ZA}	Matrix für Transformation der Drehachse des Werkzeugrevolvers in die Z-Achse
δ	Abstand des simulierten Istpunktes zum tatsächlichen Istpunkt
E_P, E_Q	Ebene in der die Fläche P, Q liegt
ε	Abweichung der realen Werkstückkontur von der Werkstückkontur im Simulationsmodell
F_{sch}	Schleppfehler
γ	Segmentwinkel eines Kreisbogens zwischen Startpunkt und Zielpunkt einer Verfahrbewegung oder Rotationswinkel bei einem Werkzeugwechsel
$\vec{istp}$	Vektor auf den Istpunkt der Maschine
$ISTP$	Istpunkt der Maschine

$\overrightarrow{istpzp}$	Vektor vom Istpunkt zum Zielpunkt
$\overrightarrow{mp}$	Vektor auf den Kreismittelpunkt bei einer Bogenverfahrbewegung
$\overrightarrow{mpistp}$	Vektor vom Mittelpunkt zum Istpunkt
$\overrightarrow{mpsimistp}$	Vektor vom Mittelpunkt zum simulierten Istpunkt
$\overrightarrow{mpsp}$	Vektor vom Kreismittelpunkt zum Startpunkt einer Verfahrbewegung
$\overrightarrow{mpzp}$	Vektor vom Kreismittelpunkt zum Zielpunkt einer Verfahrbewegung
n_{el}	Anzahl der Maschinenelemente im Simulationsmodell
$\overrightarrow{n_P}, \overrightarrow{n_Q}$	Normalenvektor der Ebene *P, Q*
n_{wzp}	Nummer eines Werkzeugplatzes auf dem Werkzeugrevolver
n	Anzahl der Segmente bei der Kreispolygonalisierung
o_{mv}	Override des Maschinenvorschubes
$\overrightarrow{OS_{ts}}$	Vektor vom Ursprung auf den Schnittpunkt einer Geraden mit der Ebene EQ
P_n, Q_n	Eckpunkt der Fläche *P, Q*
P, Q	Flächen für Kollisionstest
r	Kreisradius
rbp_x, rbp_y, rbp_z	*X*-,*Y*- und Z-Komponente des Revolverbasispunktes
RBP	Basispunkt des Werkzeugrevolvers in Ruhelage
s_{e_kv}	Richtungsvektor des Kollisionsschutzvorschubes mit dem Betrag 1
s_k	Kollisionsschutzverfahrweg
$\overrightarrow{s_{kv}}$	Kollisionsschutzvorschubvektor
s_{kv}	Vorausrechenweg des Kollisionsschutzes

s_{mb}	Maschinenbremsweg
s_{seg}	Segmentlänge bei der Kreispoligonalisierung
s_{sk_smb}	Kollisionsschutzverfahrweg + Maschinenbremsweg
S_{ts}	Schnittpunkt einer Geraden mit der Ebene E_Q
$\overrightarrow{simistp}$	Vektor auf den simulierten Istpunkt der Maschine
$SIMISTP$	Simulierter Istpunkt der Maschine
$\overrightarrow{sp}$	Vektor zum Startpunkt einer Maschinenbewegung
SP, ZP	Start- und Zielpunkt einer Verfahrbewegung
$\overrightarrow{spzp}$	Vektor vom Startpunkt zum Zielpunkt einer Maschinenbewegung
$\overrightarrow{stp}_n$	Vektor auf Stützpunkt n bei der Kreispolygonalisierung
STP_n	Stützpunkt n bei der Kreispoligonalisierung
T_k	Zykluszeit für den periodischen Aufruf der Kollisionsberechnung
T_{kr}	Kollisionsschutzrechenzeit
t_s	Parameterwert einer Geraden mit der Ebene E_Q
t	Teilungsverhältnis der Strecke vom Startpunkt zum Zielpunkt bezogen auf die Istposition bei der Positionskorrektur
v_{mv}	Vorschubgeschwindigkeit der Maschine
x, y, z	Koordinaten eines 3D-Punktes
$x_{\max}$	Maximale Grösse eines Wertes x
$x_{\min}$	Minimale Grösse eines Werktes x
$\overrightarrow{zp}$	Vektor zum Zielpunkt einer Maschinenbewegung

1 Einleitung

1.1 Allgemeine Problembeschreibung

Ausschlaggebend für die Wirtschaftlichkeit von Produktionssystemen ist ihre Produktionsleistung im Vergleich zu den Kosten. Bei gegebener Leistungsfähigkeit hängt das Verhältnis entscheidend von der Verfügbarkeit ab. Ausfälle einzelner Bearbeitungsstationen wirken sich infolge enger Verknüpfung durch einen automatisierten Material- und Informationsfluß auf die Gesamtverfügbarkeit eines Produktionssystems aus, sobald die Entkopplungsspeicher voll- oder leerlaufen. Gerade im Hinblick auf personalarmen Betrieb ist deshalb eine Steigerung der Maschinenzuverlässigkeit erforderlich. Von seiten der Maschinenhersteller geschieht dies durch konstruktive Maßnahmen, Auswahl zuverlässiger Bauteile und Baugruppen, Voralterung, durch Tests unter erschwerten Bedingungen, durch den Einbau von Diagnosesystemen in die Maschine oder durch redundante Auslegung wichtiger Maschinen- oder Steuerungsteile. In den Produktionsstätten beim Maschinenanwender kann durch vorbeugende Wartung und geschultes Bedienpersonal ein wesentlicher Beitrag zur Zuverlässigkeit einer Maschine geleistet werden.

Durch die fortschreitende Entwicklung im Werkzeugmaschinenbau und den Einsatz verbesserter Steuerungen werden die Maschinen immer leistungsfähiger, flexibler und anspruchsvoller in ihrer Bedienung [34]. Die ordnungsgemäße Funktion der Maschine kann vom Bediener bei optimiertem Teileprogramm aufgrund der Ablaufgeschwindigkeit, der Komplexität der Zusammenhänge und durch einen unübersichtlichen Arbeitsraum nur unzulänglich überwacht werden. Aus diesem Grund sind Kollisionen in Folge von unzulässigen Maschinenbewegungen bei

- Fehlbedienung,
- Störung in der Steuerung,
- Programmfehlern

bei über 70% der untersuchten Maschinenausfälle mit langen Stillstandszeiten und hohen Reparaturkosten als Ursache zu nennen. In Bild 1.1 sind die Kollisionsursachen dargestellt [82].

Sowohl von Maschinenherstellern als auch von verschiedenen Forschungseinrichtungen wurden eine Reihe von Systemen entwickelt und zum Teil bereits eingesetzt, um Schäden an Maschinen durch Kollisionen zu verhindern oder doch zumindest auf ein Minimum zu begrenzen. Die bisher realisierten Kollisionsschutzsysteme lassen sich im wesentlichen in drei Gruppen aufteilen:

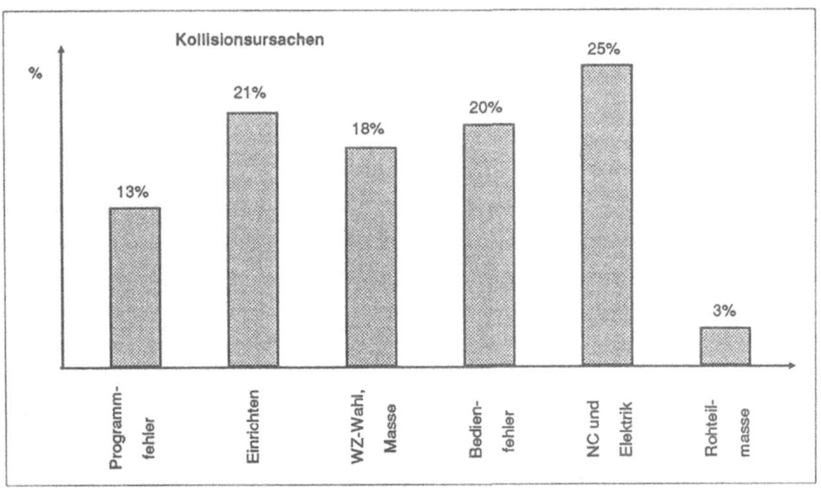

Bild 1.1: Ursachen von Kollisionen im Arbeitsraum von NC-Maschinen [82].

- maschinenexterne Systeme auf einem Host-Rechner,
- mechanische Schutzvorrichtungen und Sensoren in der Maschine,
- steuerungstechnische Lösungen in Verbindung mit der Maschinensteuerung oder durch eine Erweiterung der Maschinensteuerung.

Zur Bestimmung sinnvoller Ansatzpunkte für die Kollisionssicherung wurde eine Feinanalyse der Schäden an NC-Maschinen durchgeführt [83].Von den erkennbaren Ursachen für die Kollisionen, deren Schadenshöhe im Mittel bei ca. DM 20.000.- lag, entfielen:

- 18% auf die Steuerung (falsche Vorschübe, falsche Werkzeuge ...),
- 8% auf die Elektrik (Antriebe, Endlagenschalter ...),
- 49% auf Bedienungsfehler (Einrichtbetrieb, Eingabe von Korrekturwerten ...),
- 10% auf das Einsetzen falscher Werkzeuge,
- 13% auf Teileprogramm-Fehler und nur
- 3% auf falsche Abmessungen der Rohteile bzw. des Halbzeugs.

Entsprechend dieser Verteilung ist die automatische Vermessung von Werkstücken nicht der entscheidende Ansatzpunkt zur Kollisionsverhütung. Gleichwohl haben diese Entwicklungen im Hinblick auf die Automatisierung flexibler Produktionssysteme wegen der selbständigen Werkstückerkennung eine große Bedeutung.

Auch die durch fehlerhafte Programme auftretenden Kollisionen bilden oberflächlich betrachtet keinen großen Anteil. Da fehlerhafte Teilprogramme jedoch nur beim Austesten zu Kollisionen führen können, liegt die Verantwortung für diese Fehler bei den Maschinenbedienern. Nach den Erfahrungen beim Betrieb von NC- Maschinen und den Untersuchungen in Industriebetrieben ist die Zahl der fehlerhaften Teileprogramme trotz unterschiedlicher Programmierhilfen relativ groß. Nur durch sorgfältige Vorgehensweise der Werker werden beim Austesten der Programme viele Kollisionen vermieden, was natürlich erhebliche Rüstzeit beansprucht. Wenn hierbei trotzdem noch 13% der Kollisionen geschehen, läßt sich einerseits der hohe Anteil fehlerhafter Programme und andererseits der große Zeitaufwand zum Testen ermessen. Deshalb muß ein System zum Schutz vor Kollisionen auch diesen Bereich mit berücksichtigen.

Nach einer Zusammenfassung der Kollisionskriterien nach Ursachenbereichen zeigen sich Fehler durch menschliche Eingriffe als dominierende Kollisionsursache (72%). Die menschlichen Fehler lassen sich nach folgenden Gruppen unterscheiden:

- 8% falsche Maßeingaben (Nullpunkt, Werkzeugmasse ...),
- 10% Einsetzen falscher Werkzeuge in die Magazinplätze,
- 13% Teileprogrammfehler,
- 21% Fehler beim Einrichten (falsches Verfahren, Werkzeugwechsel ...),
- 20% nicht eindeutig zuordenbare Bedienfehler .

Der zweitgrößte Anteil, zusammen 26%, wird durch Steuerungsausfälle hervorgerufen, also durch Fehler in Elektrik und Steuerungstechnik. Der Rest von 3% wird durch Fehler im Zusammenhang mit den Werkstücken verursacht.

Die durch Bediener-Einfluß verursachten Kollisionen machen also insgesamt fast 3/4 der Unfälle aus, obwohl Maschinen- und Steuerungshersteller in die ergonomische und bedienerfreundliche Gestaltung ihrer Produkte viel Aufwand investieren. Daraus muß der Schluß gezogen werden, daß bei zukünftigen Bemühungen vor allem die Kollisionsschutzvorrichtungen in den Vordergrund gestellt werden müssen.

Ausgehend von der Analyse der Ausfallursachen von CNC-Maschinen und den daraus ermittelten Anforderungen an einen Kollisionsschutz wird in dieser Arbeit eine mögliche Lösung für ein 3D- Kollisionsschutzsystem in einem Versuchsaufbau mit einer 4-Achs-Drehmaschine mit gesteuerter C-Achse und Angetriebenen Werkzeugen vorgestellt. In Bild 1.2 ist das Funktionsschema des 3D-Echtzeit-Kollisionsschutzes dargestellt.

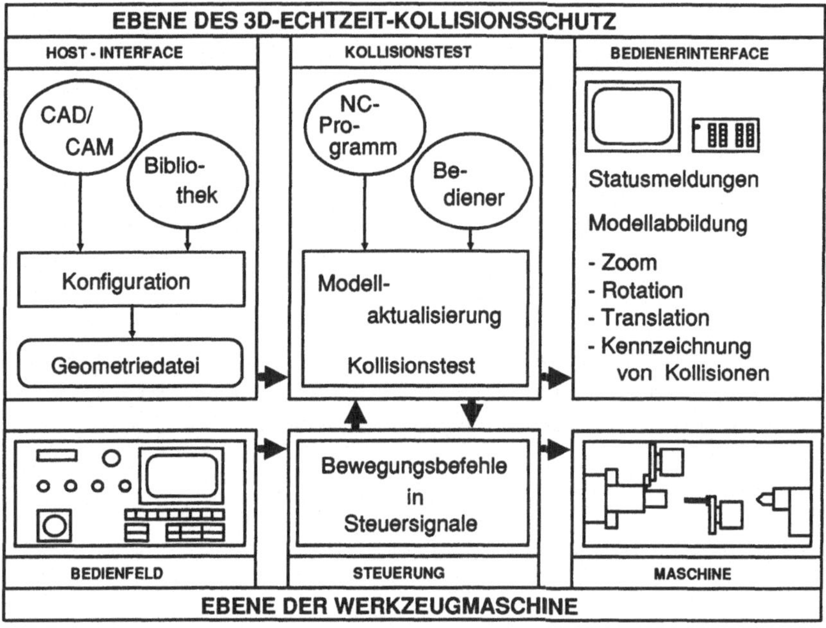

Bild 1.2: Funktionsschema des 3D-Echtzeit-Kollisionsschutzes.

Eine Drehmaschine bietet sich aus folgenden Gründen für eine Testimplementierung eines Kollisionsschutzsystems an:

- Durch eine Mehrachsen- und Mehrschnittbearbeitung sind auch Bearbeitungssituationen bei der Fräs- und Bohrbearbeitung oder bei einer Bearbeitung von Werkstücken in Bearbeitungszentren enthalten.

- Bei den Werkzeugwechselfunktionen ist eine Kollisionserkennung bei bewegten Maschinenkomponenten ohne exakte Lageinformation im Gegensatz zu bewegten Achsen notwendig, da die Revolver nicht mit einem Wegmeßsystem ausgestattet sind. Es werden nur Endpositionen gemeldet.

- Die Bewegungen einer Drehmaschine und auch die Drehbearbeitung erfolgen relativ zu anderen Werkzeugmaschine sehr schnell, so daß eine Kollisionserkennung bei einer Drehbearbeitung ein Leistungsfähiges Kollsionsschutzsystem erfordert.

Aus diesen Gründen kann eine Portierung eines Kollisionsschutzsystems leichter von einer Drehmaschine auf eine andere Werkzeugmaschine erfolgen als umgekehrt. Bei der Entwicklung eines Kollisionsschutzsystems für Werkzeugmaschinen ist es somit sinnvoll, zuerst einen Kollisionsschutz für Drehmaschinen zu entwickeln.

In den folgenden Kapiteln liegt daher als Werkzeugmaschine eine Drehmaschine zugrunde.

1.2 Entwicklung und Stand der Technik bei Kollisionsschutzsystemen

Bereits in den frühen siebziger Jahren wurde die Problematik der Kollisionen von Werkzeugmaschinen und die damit verbundenen Schäden durch hohe Reparaturkosten und lange Ausfallzeiten erkannt. In der Literatur werden verschiedenen Verfahren zur Kollisionserkennung und Kollisionsvermeidung beschrieben, die sich in vier Gruppen aufteilen lassen:

- Mechanische Kollisionsschutzsysteme
- Elektronische Kollisionsschutzsysteme in der Maschinensteuerung oder als Zusatzausrüstung
- Steuerungsexterne Kollisionsschutzsysteme auf Simulationsbasis
- Steuerungsinterne Kollisionsschutzsysteme auf Simulationsbasis

Mechanische Kollisionsschutzsysteme

Die ersten Entwicklungen für einen Kollisionsschutz hatten als Ansatzpunkt die Mechanik der Werkzeugmaschine.

Die meisten Arbeiten konzentrieren sich dabei auf die Antriebseinheit Vorschubmotor, Spindel und Spindelmutter. Die Absicherung erfolgt hier durch Bauteile und Befestigungen, welche bei Überschreitung einer bestimmten Kraft oder eines Momentes nachgeben. Die konstruktiv einfachste Methode ist dabei das Anbringen einer definierten Sollbruchstelle, z.B. in Form eines Scherstiftes.

Viele Systeme arbeiten jedoch mit Rutsch- oder Rastkupplungen mit federbelastetem Formschluß [1, 42, 73]. Dabei wird in den meisten Arbeiten auf die Problematik durch die hohen Trägheitsmomente der Antriebe durch große Massen und hohe Drehzahlen eingegangen [4, 87]. In [39, 76] werden explizit Zahlenwerte für die Aufteilung der Momente auf die einzelnen Komponenten des Antriebes genannt. Die Lösung dieses Problemes wurde mit Kuppelsystemen für ein vollständiges Abkoppeln des Antriebsmotores und der Spindel von den Schlitten versucht. Rein mechanische Systeme auf der Basis dieser Kupplungen werden in [27, 38, 39, 76, 95], ein mechanisch-hydraulisches System in [17] beschrieben.

Der Nachteil der mechanischen Kollisionsschutzsysteme ist, daß sie allesamt erst auf eine bereits erfolgte Kollision reagieren können. Sie können einen Schaden an der Werkzeugmaschine somit nur begrenzen, jedoch nicht verhindern.

Elektronische Kollisionsschutzsysteme in der Maschinensteuerung oder als Zusatzausrüstung

Die oben aufgeführten mechanischen Systeme reagieren auf Kräfte und Momente, die einen bestimmten Grenzwerte übersteigen. Die Schutzeinrichtungen sind direkt in das belastete mechanische Bauteil integriert. Einfache elektronische Systeme reagieren auf die gleiche Situation einer Grenzwertüberschreitung, nur wird als Meßgrösse nicht die Kraft oder das Moment direkt verwendet, sondern ein dazu proportionaler Motorstrom oder die aufgenommene Leistung in den Antriebseinheiten. Bei den in [2, 6] beschriebenen Adaptive Control Systemen werden die Werte des Motorstromes zur Regelung des Antriebes verwendet und liegen bereits in der Steuerung vor. Es ist nur noch eine Grenzwertbetrachtung erforderlich. Der zusätzliche Aufwand für eine Kollisionskontrolle ist gering.

In [16] wird ein Leistungsmonitor für Werkzeugmaschinen vorgestellt, der anhand von Strom, Spannung und Leistungsfaktor des Antriebes die aufgenommene Leistung ermittelt und mit einem einstellbaren Grenzwert vergleicht. Bei einer Überschreitung des Grenzwertes wird die Maschine abgeschaltet.

Bei anderen Systemen [37, 40] sind spezielle Sensoren für eine Kraftmessung z.B. an Lagerstellen angebracht und es erfolgt ebenfalls eine Auswertung durch eine Grenzwertbetrachtung. Diese Systeme wurden für eine Werkzeugbruchüberwachung konzipiert und sollen vor allem Kollisionen des defekten Werkzeuges mit dem Werkstück verhindern [5, 41, 72].

Auch diese Kollisionsschutzsysteme reagieren erst auf eine erfolgte Kollision und haben demzufolge den gleichen Nachteil wie die rein mechanischen Kollisionsschutzsysteme.

In [30] wird ein System für die Werkzeug- und Werkstückvermessung vorgestellt, das auf der Basis eines Lasermeßsystems in der Lage ist, Abstände in der Maschine während einer Bearbeitung zu ermitteln. Für eine Kollisionsbetrachtung kann dieses System für die Abspeicherung der Werkzeug-, Werkstück und Maschinenkontur erweitert werden und ist dann in der Lage, bestimmte Kollisionssituationen zu erkennen und zu verhindern.

Steuerungsexterne Kollisionsschutzsysteme auf Simulationsbasis

Seit beginn der achtziger Jahre wurden bedingt durch die immer Leistungsfähiger werdenden Rechner- und Grafiksysteme viele Simulationssysteme für die Bearbeitung von Werkstücken auf Werkzeugmaschinen entwickelt [61, 65]. Diese Systeme dienen vor allen Dingen einem wirtschaftlichen Einsatz von NC-Maschinen bei kleinen Stückzahlen durch eine rationelle Programmerstellung und einen Programmtest bereits auf dem Simulationssystem, so daß lange Rüstzeiten durch das Einfahren neuer Programme minimiert werden können. Steuerungsexterne Simulationssysteme sind flexibel in Bezug auf ihren Einsatzort und unterliegen durch die Verwendung von Massenspeichern kaum Einschränkungen in der Datenhaltung.

Allen Simulationssystemen liegt eine Beschreibung der Werkzeugmaschine und der kollisionsrelevanten Umgebung in einem Modell zugrunde. Abhängig von den Fertigungsverfahren können die Systeme hinsichtlich der geometrischen Beschreibung in 2D- und 3D-Simulationssysteme unterschieden werden [60]. 2D-Simulationssysteme für die Drehbearbeitung haben einen hohen Entwicklungsstand erreicht [3, 62, 80, 81, 93]. Dreidimensionale Systeme sind in ihrer Entwicklung noch nicht so weit fortgeschritten. Vor allem die Darstellung des Simulationsmodelles bereitet hier größere Schwierigkeiten. Den meisten Simulationsmodellen liegen Volumenmodelle zugrunde [56, 74, 79]. Für die Bohr- und Fräsbearbeitung werden in [18, 36, 78] Verfahren der Modellerstellung und der Simulation beschrieben. Dabei wird in [18] ausführlich auf die Spannsituation bei diesen Maschinentypen eingegangen.

Ein ähnliches System wird in [90] vorgestellt. Um eine schnelle Kollisionsrechnung zu ermöglichen, wird der Arbeitsraum in kollisionsrelevante und nicht kollisionsrelevante Gebiete eingeteilt. Eine Berechnung erfolgt, wenn sich das Werkzeug im kollisionsrelevanten Gebiet befindet. In [91] wird eine Kombination dieses Systems mit Sensordaten vorgeschlagen.

Ein anderer Ansatz wird in [9, 10] beschrieben. Dort werden nicht Kollisionen erkannt, sondern es werden mit Hilfe eines dreidimensionalen Volumenmodells kollisionsfreie Wege für die Bearbeitung generiert.

An dieser Stelle sollen auch noch die bereits wesentlich weiter Entwickelten 3D-Simulationssysteme für Roboter erwähnt werden, wie sie z.B. in [15, 29, 32, 75, 88, 84, 92, 94] beschrieben werden.

Alle Systeme auf der Basis einer externen Simulation haben jedoch den Nachteil gemeinsam, daß sie mit angenommenen Maschinenparametern und Werkzeugmaßen arbeiten. Die getesteten NC-Programme können durchaus kollisionsfrei sein, es kann aber nur ein fehlerfreier Lauf auf der Maschine gewährleistet werden, wenn alle Parameter identisch sind und auch das Simulationsmodell die Maschine exakt beschreibt.

Steuerungsinterne Kollisionsschutzsysteme auf Simulationsbasis

Diese Simulationssysteme bieten den Vorteil, daß sie auf die Datenbestände der Maschinensteuerung Zugriff haben. Es werden teilweise die steuerungsspezifischen Algorithmen der Satz- und Zyklenaufbereitung, der Werkzeugmaßkorrektur und der Interpolation verwendet [59, 60, 96]. Auch hier ist der Vorsprung bei den zweidimensionalen Kollisionsschutzsystemen deutlich zu erkennen.

Steuerungsinternen Systeme arbeiten wie die exteren Systeme mit zwei- oder dreidimensionalen Simulationsmodellen. Bei dreidimensionalen Modellen kommt bevorzugt das Volumenmodell zur Anwendung.

Die Entwicklung reicht von rein grafischen Systemen mit einer Simulation der Werkzeugbewegungen und einer Ausgabe auf einem Plotter [97] bis hin zu Simulationssystemen mit integrierter Grafik in der Steuerung und einer Echtzeitdarstellung des Bearbeitungsvorganges mit Vermessungsmöglichkeiten des Werkstückes [20, 22, 28, 58, 66, 69, 70, 71].

Ein umfassendes 2D-Echtzeitkollisionsschutzsystem für eine Einschlittendrehmaschine wird in [33, 50, 51, 52, 53, 54] ausführlich beschrieben. Dieses System arbeitet mit einem Modell, das aus der in die Bearbeitungsebene projizierten Kontur der Maschinen-, Werkzeug- und Werkstückkonturen besteht. Es wird auch die Betriebsart "Handverfahren" mit in die Kollisionsbetrachtung einbezogen. Zusätzlich zu den geometrischen Kollisionen ist in dieses System noch eine Bahnüberwachung integriert.

Für die dreidimensionale Bearbeitungssimulation wird in [58, 71] ein umfassender Lösungsvorschlagvorgestellt. In diesen Arbeiten werden auch verschiedene Modelle auf ihre Tauglichkeit für ein Simulationsmodell und für die Aktualisierung des Werkstückmodells bei einer komplexen dreidimensionalen Bearbeitung auf ihre Vor- und Nachteile untersucht und Verfahren für den schnellen Zugriff auf die für eine Bearbeitungssimulation relevanten Flächen entwickelt.

In [26, 57] ist eine Möglichkeit der Modellbeschreibung und Kollisionserkennung mit Hilfe von skalaren oder vektoriellen Feldern dargestellt. Auch diese Darstellung repräsentiert ein Volumenmodell. Das gesamte Modell wird aus Grundkörper wie Prisma, Zylinder, Kegelstumpf u.s.w. aufgebaut.

Ein Verfahren zur zeitdiskreten Kollisionsüberwachung wird in [14] vorgestellt. Hier wird die Maschinengeometrie durch eine begrenzte Anzahl von geometrischen Grundkörpern angenähert. Dadurch wird eine einfache Beschreibung der Objekte im Arbeitsraum und eine begrenzte Rechenzeit für die Kollisionsüberwachung erreicht. Durch eine Vorausberechnung im Kollisionsschutz wird der Bremsweg der Maschine berücksichtigt.

Die hier aufgeführten Kollisionsschutzsysteme benötigen alle ein Modell der kollisionsrelevanten Maschinenkomponenten. Im Gegensatz dazu wird in [8] ein System vorgeschlagen, das ohne Modell auskommt. In diesem System kann ein Sicherheitsbereich zwischen den beiden aktiven Werkzeugen definiert werden, den die Werkzeuge nie gemeinsam betreten dürfen. Damit werden allerdings nur Kollisionen zwischen den aktiven Werkzeugen verhindert.

Dreidimensionale Kollisionsschutzsysteme sind bisher auf Steuerungsebene nicht auf dem Markt verfügbar. Die Hauptprobleme bei diesen Systemen stellen die großen Datenmengen und die komplizierten Algorithmen für die Bewegungssimulation, die Bearbeitungssimulation und die Kollisionserkennung dar.

Zusammenfassend läßt sich sagen, daß anhand der in der Literatur veröffentlichten Ausführungen über Kollisionsschtuzsysteme ein großer Bedarf für ein sicheres und bedienungsfreundliches Kollisionsschutzsystem zu erkennen ist. Der Schwerpunkt bei mechanischen Systemen liegt auf der Antriebsseite durch geeignete Kupplungen zur Abkopplung des Vorschubes bei Kollisionen. Einfache elektrische Systeme arbeiten im Prinzip auf der gleichen Basis. Sie erfassen eine Überlast jedoch durch elektrische Meßgrössen und greifen direkt in der NC auf die Vorschubsteuerung ein. Der Trend der weiteren Entwicklungen geht seit der Verfügbarkeit von hohen Rechenleistungen und hochauflösenden Grafiksystemen eindeutig in Richtung Offline-Simulation in einer 3D-Modellumgebung unabhängig von der Maschinensteuerung [74]. Es ist zu erwarten, daß mit einer weiteren Entwicklung in der Mikroelektronik zu höheren Integrationsdichten und Rechenleistungen diese Systeme zunehmend, wie dies auch bei den 2D-Systemen [22] der Fall war, in die Maschinensteuerung integriert werden.

1.3 Anforderungsprofil eines 3D-Echtzeit-Kollisionsschutzsystems

Wirksamkeitsbereich des Kollisionsschutzes [50, 51, 82, 26, 71]

- Der Kollisionsschutz soll in allen Betriebsarten der Maschine wirksam sein. Soweit es realisierbar ist, ist bereits das "Referenzpunktfahren" nach dem Einschalten der Maschine in die Kollisionssüberwachung zu integrieren.

- In die Kollisionsbetrachtungen ist der gesamte Arbeitsraum der Maschine mit allen Einbauten wie Leitungen, Lampen, Schutzbleche etc. einzubeziehen.

- Handhabungsvorrichtungen, welche im Arbeitsraum der Maschine Bewegungen ausführen, sind mit den kollisionsrelevanten Komponenten der Maschine im Arbeitsbereich der Handhabungsvorrichtung auf Kollision zu überprüfen.

- Der Kollisionsschutz ist so zu konzipieren, daß eine Abschaltung oder Umgehung der Kollisionsschutzmechanismen vom Bediener der Maschine nicht möglich ist.
  Einzige Ausnahme: Für besondere Fälle, z.B. falsche Kollisionssmeldungen durch besondere Bearbeitungsverhältnisse oder Ausfall des Kollisionsschutzsystems muß ein Verfahren der Maschine durch den Bediener ohne Kollisionsschutzsystem möglich sein.

- In die Kollisionsbetrachtung sind auch die technologischen Randbedingungen bei der Bearbeitung miteinzubeziehen, zumindest solche, welche ohne großen Zusatzaufwand bei der Kollisionsberechnung mit beachtet werden können wie z.B.:

  - Bearbeiten mit falscher Drehrichtung,

  - Bearbeiten mit zu hoher Drehzahl oder Schnittgeschwindigkeit und

  - Bearbeiten mit zu großem Vorschub oder zu großer Zustellung.

Hardware-Schnittstelle des Kollisionsschutzes an die Maschinensteuerung

- Die Hardware des Kollisionsschutzsystems muß von der Maschinenkonfiguration oder vom Maschinentyp unabhängig sein, um eine Implementierung des Kollisionsschutzes auf einem anderen Maschinentyp nur durch eine Änderung in der Software zu ermöglichen.

- Die Kollisionsschutzhardware muß von den restlichen Komponenten in der Maschinensteuerung weitestgehend entkoppelt sein, um bei einem Ausfall von einzelnen Baugruppen der Maschinensteuerung weiterhin ihre Aufgabe zu erfüllen [11].

- Für den Testbetrieb während der Inbetriebnahme und als Option für den Einsatz vor Ort ist eine Graphikschnittstelle sinnvoll. Zur Steuerung der Graphik und zum Aufrufen von Graphikfunktionen wie Zoom, Rotation, Translation und Fixierung der Ausgabe auf die Schneidenspitze muß die Graphik über ein eigenes Eingabemedium verfügen.

Software-Schnittstelle des Kollisionsschutzes an die Maschinensteuerung

- Bei der Inbetriebnahme oder nach einer Umrüstung der Maschine für die Fertigung eines neuen Teiles benötigt der Kollisionsschutz die Geometrieinformationen vom Modell der aktuellen Maschinenkonfiguration. Das Laden dieser Informationen soll über eine Standardschnittstelle der Maschine geschehen. Sinnvoll ist eine Erweiterung der DNC-Schnittstelle für diesen Punkt.

- Während des Betriebes des Kollisionsschutzes bei aktiver Maschine muß der Kollisionsschutz laufend mit den aktuellen Maschinenparametern wie Betriebsart, Drehzahl, Schnittgeschwindigkeit, Vorschub, NC-Satznummer, angewähltes Werkzeug, Lage-Istwerte usw. versorgt werden. Hierfür ist eine Erweiterung der Steuerungssoftware um ein Modul zur Versorgung des Kollisionsschutzes unumgänglich.

- Für Meldungen vom Kollisionsschutz an die Maschinensteuerung ist ebenfalls eine Schnittstelle notwendig. Sie dient für Freigaben an die Maschine wenn keine Kollision entdeckt wurde und vor allem zum Anhalten der Maschine im Falle einer Kollisionsgefahr.

Software des Kollisonsschutzes

- Zur Vereinfachung der Portierung, der Wartung und der Programmerstellung bietet sich eine höhere Programmiersprache an.

- Die gesamte Software und die Datenstruktur für die Abbildung der Maschine im Kollisionsschutzsystem muß vom Maschinentyp unabhängig sein. Änderungen der Maschinenkonfiguration, Erweiterungen oder bestimmte Sonderfälle sind durch eine flexible Auslegung der Datenstrukturen zu berücksichtigen.

- Maschinenspezifische Algorithmen oder andere Besonderheiten sind in separaten Modulen zu lösen ohne daß die Basis des Kollisionsschutzes geändert werden muß.

Zeitverhalten des Kollisionsschutzes beim Betrieb der Maschine

- Durch den Betrieb des Kollisionsschutzes darf die Arbeitsgeschwindigkeit der Maschine nicht negativ beeinflußt werden. Der Kollisionsschutz muß in der Lage sein, seine Aufgabe unter Echtzeitbedingungen zu erfüllen.

- Rüstzeiten für den Kollisionsschutz dürfen die Rüstzeiten für die Maschine nicht wesentlich erhöhen.

Bedieneroberfläche des Kollisionsschutzsystems

- Während des Produktionsbetriebes benötigt der Kollisionsschutz keine Informationen vom Bediener. Er arbeitet im Hintergrund und für den Bediener unsichtbar. Der Status des Kollisionsschutzes soll durch eine permanente oder temporär vom Bediener abrufbare Meldung auf dem Bedienfeld ausgegeben werden.

- Für das Generieren der Geometrieinformationen für den Kollisionsschutzbaustein ist eine Schnittstelle an geeignete 3D-CAD Systeme wie zum Beispiel EUCLID oder VERSACAD zu schaffen. Mit diesen Systemen lassen sich auch relativ komplexe Geometrien einfach erzeugen oder Werkstücke aus der eigenen Konstruktionsabteilung können sogar direkt übernommen werden.

- Für das Übernehmen der Geometrieinformationen vom CAD-System, die Verwaltung dieser Informationen in Bibliotheken und für das Ersstellen der gesamten Maschinenkonfiguration aus den einzelnen Teilen wird ein Konfigurationsprogramm benötigt. Die fertige Konfiguration wird über eine Verbindung vom Hostrechner zur NC-Maschine in das Kollisionsschutzsystem geladen.

1.4 Zielsetzung

Ziel dieser Arbeit ist das Erkennen von geometrischen Kollisionen unter Echtzeitbedingungen.

Aus der Analyse der Schadensfälle von NC-Maschinen in Kapitel 1.1 ist ersichtlich, daß 3/4 der Kollisionen durch Bedienereinfluß verursacht werden. Eine sichere Kollisionserkennung, die alle Betriebszustaände der Werkzeugmaschine umfaßt, ist nur mit einer dreidimensionalen On-Line-Kollisionsüberwachung zu realiseren [26].

Als Grundlage für das Kollisionsschutzsystem werden die bereits in der Literatur veröffentlichen Verfahren und Untersuchungen für Steuerungsexterne und -interne Simulations- und Kollisionsschutzsystem verwendet. Bei diesen Verfahren sind hier vor allem [14, 26, 50, 56, 70, 71, 74] zu nennen.

Aufbauend auf diesen Ergebnissen und Verfahren wird in dieser Arbeit speziell für den Fall einer Vierachsendrehmaschine mit zwei Werkzeugrevolvern und einem Reitstock eine Möglichkeit für die Realisierung eines Kollisionsschutzsystems gezeigt. Dabei werden vor allem Aspekte der Bewegungssimulation, der Berücksichtigung der während einer Bewegung durchlaufenen Volumina, der schnellen Kollisionserkennung und der Synchronisation des Kollisionsschutzes mit der Werkzeugmaschine vorgestellt. In einem Realisierungsvorschlag werden Überlegungen für einen Hardwareaufbau und für eine Strukturierung der Software angestellt. Durch eine Integration des Kollisionsschutzsystems in die Maschine werden die theoretischen Überlegungen verifiziert und das Zeitverhalten im praktischen Einsatz ermittelt.

Das Ziel dieser Arbeit kann damit wie folgt zusammengefaßt werden:

3D-Kollisionserkennung unter Echtzeitbdingungen für eine Vierachsendrehmaschine mit den Entwicklungsschwerpunkten

- Bewegungssimulation,
- Berücksichtigung der durchlaufenen Volumina bei einer Bewegung,
- schnelle Kollisionserkennung,
- Synchronisation des Kollisionsschutzsystems mit der Maschinensteuerung und
- Integration des Kollisionsschutzystems in die Maschine.

Um dem Leser eienen vollständigen Eindruck der Problematik bei der Realiserung eines Kollisionsschutzsystems zu vermitteln, werden im folgenden auch die im wesentlichen bereits in der Literatur diskutierten Verfahren wie die Untersuchung verschiedener Modelle für die Darstellung der Maschinenteile in der Simulation oder die Werkstückaktualiserung mit entsprechenden Verweisen kurz vorgestellt.

2 Darstellung der Maschinengeometrien im Kollisionsschutz

Ein wesentlicher Punkt für die Realisierung der Kollisionserkennung ist die interne Darstellungsweise der Maschinenkomponenten. Es ist dabei nicht nur auf eine schnelle Simulation der Verfahrbewegungen und eine leichte Erkennung von Kollisionen, sondern auch auf eine schnelle Abänderbarkeit der Werkstückkontur während der Bearbeitung zu achten, die umfangreichen Formänderungen unterworfen ist. In der Literatur beschriebene Kollisionsschutzeinrichtungen für Industrieroboter und Werkzeugmaschinen modellieren die realen Maschinenkomponenten durch infinite Ebenen, Quader, Kugeln oder Zylinder [14, 56, 57, 58, 86, 71, 26, 14].

2.1 Probleme bei der Modellauswahl

Bei einer Kollisionserkennung mittels eines Simulationsmodells treten folgende prinzipielle Schwierigkeiten auf:

- Das Simulationsmodell kann der realen Arbeitsraumgeometrie nur angenähert entsprechen,
- die Positionen von beweglichen Maschinenkomponenten ändern sich während einer Bearbeitung ständig,
- das Werkstück unterliegt fortlaufenden Änderungen, die in das Modell übertragen werden müssen,
- der Simulationsalgorithmus muß sowohl theoretisch als auch in der praktischen Ausführung möglichst korrekt sein,
- die Zeitanforderungen müssen eingehalten werden und zwingen zu Kompromissen zwischen optimaler Gestaltung des Modells und einfacher, schneller Durchführbarkeit der Kollisionsberechnungen.

Die Hauptaufgabe besteht darin, ein Modell und ein Simulationsverfahren zu entwickeln, das die reale Umgebungder Werkzeugmaschine mit allen kollisionsrelevanten Maschinenkomponenten und Baugruppen und alle Steuerungsvorgänge möglichst exakt wiedergibt. Dabei ist es jedoch sehr wichtig, ein möglichst einfaches Verfahren zu finden, damit sowohl der Simulationsalgorithmus als auch die Darstellung des Simulationsmodells fehlerfrei implementiert werden können. Eine aufwendige Datenstruktur und komplizierte Simulationsverfahren sind schwer zu programmieren und der Nachweis einer logisch korrekten Simulation und der numerischen Stabilität ist nur mit hohem Aufwand zu führen. Aufgrund der Tatsache, daß ein Modell immer etwas von der Realität abweicht und es daher unter Umständen zu fehlerhaften Kollisionsmeldungen oder - noch schlimmer - zu unerkannten Kollisionen kommen kann, erfordert grosse Sorgfalt bei der Modellauswahl.

Um die Unsicherheit möglichst gering zu halten, ist eine genaue Analyse der Teilkonturen des Arbeitsraumes nötig, mit der die kritischen Elemente erkannt werden können. Invariante Konturen, z.B. der Maschinenraum, sind unproblematisch. Wesentlich kritischer stellt sich die Eingabe der korrekten Rohteilkontur oder der Werkzeuge dar. Dies geschieht sehr häufig vor Ort und wird von der Bedienperson selbst durchgeführt, wobei Fehler auftreten können wie z.B. die Eingabe falscher Werkzeugmaße oder falscher Werkzeugplätze. Durch ein benutzerfreundliches und leicht zu bedienendes Eingabeverfahren, das durch redundante Information unsinnige Eingaben erkennen und den Bediener darauf aufmerksam machen kann, läßt sich das Risiko vermindern, aber nicht beseitigen. Es ist auch denkbar, das Erstellen der Modellkonturen bereits in der Arbeitsvorbereitung durchführen zu lassen. Eine bessere, aber auch aufwendigere Lösung bietet der Einsatz von Sensoren.

2.2 Untersuchung verschiedener Modelle auf ihre Tauglichkeit

Je nach der Art der mathematischen Beschreibung können die Rechnermodelle in

- analytische und
- diskrete

Modelle unterteilt werden.

Eine detaillierte Untersuchung der im fogenden beschrieben Modellle mit ihren Vor- und Nachteilen kann in [26, 71] gefunden werden.

2.2.1 Analytische Modelle

Analytische Modelle lassen sich wiederum in drei Gruppen einteilen, die hier kurz vorgestellt werden.

Drahtmodelle

Bei den Drahtmodellen werden nur die dreidimensionalen Eckpunkte des Körpers mit der zusätzlichen Information über die Verbindung der Eckpunkte miteinander gespeichert. Diese Verbindungen geben die Kontur des Körpers wieder und sie sind die Schnittlinien von je zwei Körperflächen miteinander. Die Eckpunkte sind die Schnittpunkte von mindestens drei Körperflächen miteinander. Dieses Modell enthält keine Information über Flächen oder Volumen des dargestellten Körpers.

Flächenmodelle

Sie enthalten im Vergleich zu Drahtmodellen zusätzlich Informationen, welche Punkte eine Flächen bilden, welche Kanten diese Fläche begrenzen und über die Art der Fläche.

Volumenmodelle:

Volumenmodelle bieten die umfangreichste Information über den Körper den sie darstellen. Es gibt zwei Beschreibungsformen für dieses Modell, die "boundary representation" und die "constructive solid geometry representation". Die boundary representation enthält alle Informationen des Flächenmodells und zu jeder Fläche noch einen Normalenvektor, der üblicherweise in den nicht mit Material gefüllten Raum zeigt.

Bei der constructive solid geometry representation wird ein komplexer Körper aus einfachen Grundkörpern aufgebaut. Die gesamte Entstehungsgeschichte eines Modells wird mit gespeichert. Die boundary representation wird aus der constructive solid geometry representation abgeleitet. Sie enthält jedoch keinerlei Information über den Aufbau des Modells.

2.2.2 Diskrete Modelle

Für die diskreten Modelle gibt es drei Gruppen, von denen jede noch je nach der Art der Diskretisierung weiter unterteilt werden kann.

Punktmengenmodelle

Jedes Volumenelement wird hier durch einen Punkt, eine Linie oder eine Fläche mit der Information über das Vorhandensein von Materie beschrieben.

Kuboidmodelle

Auch dieses Modell ist volumenorientiert. Die Beschreibung erfolgt hier dadurch, daß das Volumen des darzustellenden Körpers mit gleich großen Würfeln, Säulen oder Scheiben ausgefüllt wird.

Polytree-Modelle

Hier wird das gleiche Prinzip wie bei dem Kuboidmodell angewandt. Es werden jedoch nicht gleich große Würfel, Säulen oder Scheiben verwendet, sondern eine größere Einheit wird immer wieder halbiert und so speziell in den Randbereichen des Modells eine genauere Annäherung an das Vorbild erreicht [49, 85].

2.2.3 Auswahl eines Modells

Ein Vergleich der verschiedenen Modelle auf ihre Tauglichkeit für den 3D-Echtzeit-Kollisionsschutz unter folgenden Gesichtspunkten

- Darstellungsgenauigkeit,
- Speicherplatzbedarf,
- Eindeutigkeit,

- Erzeugung des Modells mit gängigen CAD-Systemen,
- Verfahrsimulation,
- Werkstückaktualisierung und
- Kollisionserkennung

zeigt nach [71], daß die diskreten Modelle aufgrund ihres hohen Speicherplatzbedarfs bei größeren Objekten und der ungenauen Darstellung des Objekts weniger geeignet sind als die analytischen Modelle. Für die Erzeugung des Modells sind zudem spezielle Programme notwendig, da Objekte in leistungsfähigen CAD-Systemen durch Volumenmodelle beschrieben werden.

Da der Kollisionstest darauf beruht, das Verschneiden oder Berühren von zwei Objekten des Modells zu erkennen, ist als Eingangsgröße für den Algorithmus die Information über die Außenkontur der Objekte notwendig. Das Flächen- und das Volumenmodell enthalten beide diese Informationen in Form der Polyederhülle der Objekte. Ein weiterer Vorteil ist, daß diese Darstellungsart von vielen CAD-Systemen benutzt wird, die Daten über Schnittstellen zugänglich sind und die Objekte auf einem Grafikterminal problemlos dargestellt werden können. Diese Vorteile können von der in [26] vorgeschlagenen Distanzfeldmethode nicht geboten werden. Da für den Kollisionsschutz die Entstehungsgeschichte des Objektes nicht wichtig ist und zudem noch die Kollisionsserkennung erschwert, erscheint für das Kollisionsschutzsystem ein rein flächenorientiertes Modell als das am besten geeignete zur Darstellung der Objekte. Diese Modelle werden auch als "Polyedermodell" bezeichnet. Ein Objekt wird dabei vollständig durch seine Oberfläche beschrieben. In Bild 2.1 ist eine Vierachsendrehmaschine als Polyedermodell dargestellt.

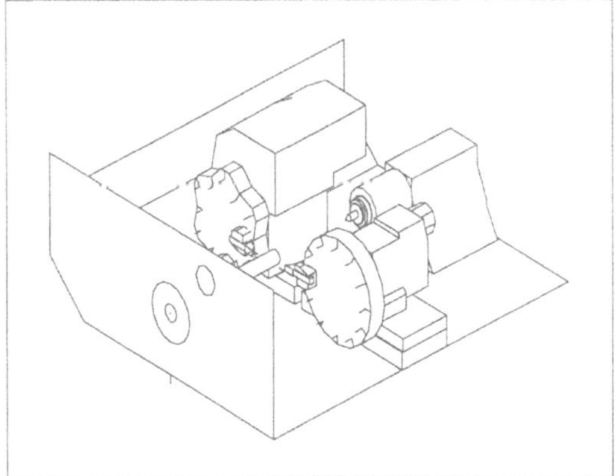

Bild 2.1: Konfigurierte Vierachsendremaschine mit Reitstock und Werkstück als Polyedermodell Dargestellt. Jeder Werkzeugrevolver ist mit einem Werkzeug bestückt.

2.3 Erstellung des Simulationsmodells für den Kollisionsschutz

Die Überprüfung aller Maschinenteile im Arbeitsraum der Maschine auf Kollisionsfreiheit erfolgt bei einem 3D-Kollisionsschutzsystem anhand eines dreidimensionalen Modells der kollisionsrelevanten Geometrien der Werkzeugmaschine. Für den Betrieb des Kollisionsschutzes ist es somit erforderlich, eine benutzerfreundliche Eingabemöglichkeit für das rechnerinterne Simulationsmodell zur Verfügung zu stellen. Dafür sind mehrere Möglichkeiten denkbar. Die Geometriedaten von Werkstücken oder Halbzeugen kann man z.B. durch ein optisches Verfahren oder mechanisches Abtasten der Konturen erfassen. Eine andere Alternative ist die Erweiterung des Kollisionsschutzes mit einem Programmpaket für die Erzeugung der Geometriemodelle aus einfachen Grundbausteinen wie Würfel, Zylinder usw.. Da diese Lösungen jedoch mit einem erheblichen Programmieraufwand verbunden sind, ist es sinnvoller, sich bereits vorhandene Programme zunutze zu machen und entsprechend den Anforderungen des Kollisionsschutzes zu modifizieren.

Im Hinblick auf die Benutzerfreundlichkeit und den Leistungsumfang erscheinen 3D-CAD-Systeme als die am besten geeigneten Werkzeuge für die Modellierung der Maschinen-, Werkzeug- und Werkstückgeometrien. Der Aufwand für Programme zur Geometriemodellierung für den Kollisionsschutz reduziert sich durch die Verwendung eines CAD-Systems auf die Ankopplung des CAD-Systems an Programmodule zur Weiterverarbeitung der Geometriedaten in eine für den Kollisionsschutz geeignete Form. Diese Lösung bietet auch den Vorteil einer Übernahme von bereits vorhanden Geometriedaten aus der Konstruktionsabteilung.

Da je nach Bearbeitungssituation verschiedene Konfigurationen einer Maschine realisiert werden müssen, bietet sich der Einsatz von einem Bibliotheksmodul für die Verwaltung der Geometrien an. Die Geometrien werden nur einmal am CAD-System konstruiert und anschliessend in die Bibliothek eingeordnet. Sie stehen damit für alle zukünftigen Konfigurationen einer Maschine oder bei standardisierten Teilen wie genormten Werkzeugen sogar für verschiedene Maschinen zur Verfügung.

Eine Konsequenz der Geometriemodellierung auf einem 3D-CAD-System und die Verwaltung der Geometriedaten mit einem Bibliotheksmodul ist der Einsatz eines Host-Rechners mit der erforderlichen Massenspeicherkapazität. Ein Vorteil bei der Verwendung eines Host-Rechners ist die Möglichkeit, die verschiedenen Konfigurationen bereits auf dem Host zu erzeugen und die Geometriedaten in das Kollisionsschutzsystem in der Maschinensteuerung über DNC- oder andere Schnittstellen zu laden, so daß dieses System nicht für Datenhaltung und Konfiguration ausgelegt werden muß.

2.3.1 Geometrie- und Konfigurationsdatenverwaltung

Eine Bibliothek für die Verwaltung der Geometrie- und Konfigurationsdaten kann in Teilbibliotheken aufgeteilt werden, wobei die Einteilung nach der Art der Maschinenkomponenten erfolgt:

- **Arbeitsraum**, Geometrien der Arbeitsräume verschiedener Maschinen
- **Spannmittel**, Geometrien der verwendeten Spannmittel
- **Werkzeug**, Geometrien aller Werkzeuge
- **Werkstück**, Geometrien für verschiedene Rohteile oder Halbzeuge
- **Handhabung**, Geometrien für Handhabungsgeräte
- **Maschine**, Geometrien der fertig konfigurierten Maschinen
- **Konfigurationsplan**, Konfigurationsinformationen für den Aufbau der verschiedenen Maschinenkonfiguration

Die Geometrien der Arbeitsräume, Spannmittel, Werkzeuge, Werkstücke und wenn vorhanden von den Handhabungsgeräten werden mit Hilfe eines Schnittstellenprogrammes direkt vom Datenbestand des CAD-Systems in die entsprechende Rubrik der Bibliothek eingetragen. Die Datenstruktur wird unverändert übernommen. Zusätzlich zu den Geometriedaten der Maschinenkomponenten sind noch Konfigurationsparameter und Technologiedaten wichtig. Mit Hilfe der Technologiedaten werden während der Bearbeitung Grenzwerte wie maximale Vorschubgeschwindigkeit, Schnittgeschwindigkeit usw. überprüft. Die Konfigurationsparameter enthalten Informationen über den kinematischen Aufbau der Maschine und um welche Art von Maschinenkomponenten es sich handelt. Darunter fallen Daten wie Werkzeugmaße und Bezugspunkte der Maschinenkomponente. Sie dienen dazu, die einzelnen Teile bei der Konfiguration richtig zu positionieren und zu bearbeiten. Die Konfigurationsinformationen sind von der Maschine und von der aktuellen Bearbeitungssituation abhängig. Da sie vom Bediener oder in der Arbeitsvorbereitung modifiziert werden muß, ist eine Ablage in Form einer Textdatei sinnvoll. Neue Konfigurationsinformationen oder Änderungen an bereits bestehenden können so mit einem Editor oder Textverarbeitungsprogramm auf dem Host-Rechner durchgeführt in die Bibliothek des Kollisionsschutzes eingetragen.

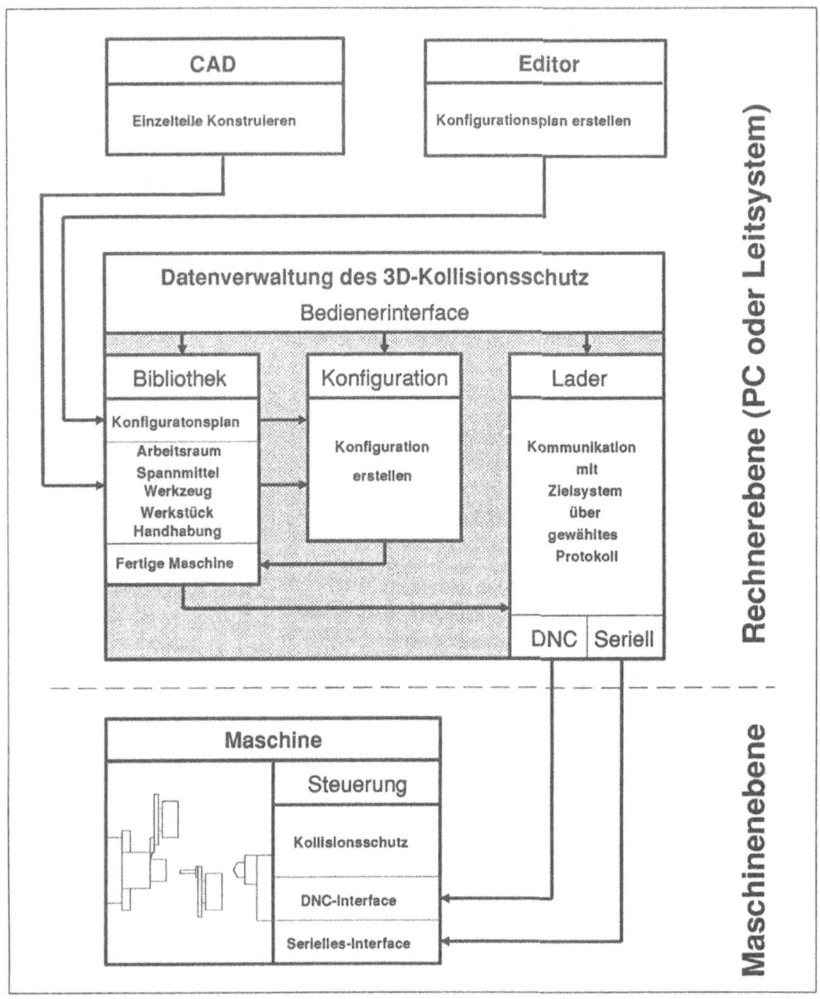

Bild 2.2: Geometriedatenverwaltung des 3D-Echtzeit-Kollisionsschutz.

Komplette Maschinenkonfigurationen können von einem Konfigurationsmodul nach den Angaben in der aufgerufenen Konfigurationsdatei erzeugt und automatisch in die Bibliothek eingetragen werden.

In Bild 2.2 ist die Struktur und der Datenfluß der Geometriedatenverwaltung gezeigt.

2.3.2 Konfiguration des Simulationsmodells

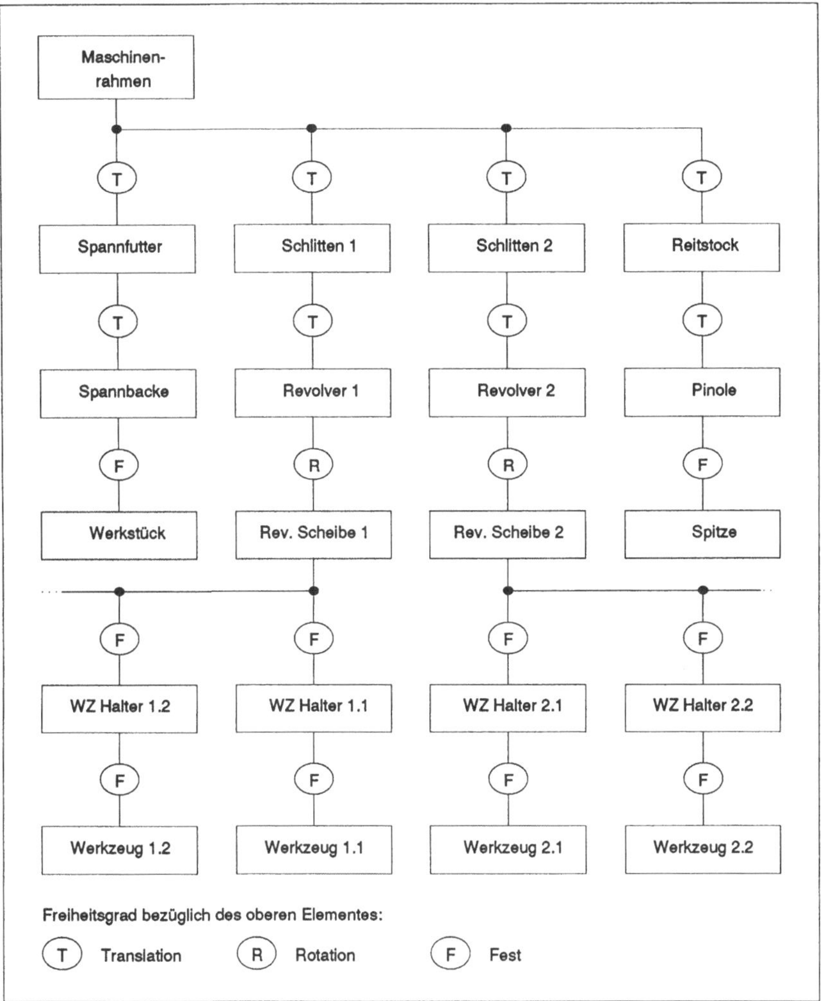

Bild 2.3: Kinematische Struktur der einzelnen Elemente einer 4-Achsen-Drehmaschine.

Die Werkzeugmaschine wird je nach Bearbeitungssituation mit verschiedenen Werkzeugen ausgerüstet. Bei jeder Umrüstung der Werkzeugmaschine ist auch eine Neukonfigurierung des

Simulationsmodells erforderlich. Für die Bewegungssimulation während des Betriebes der Maschine muß in das Simulationsmodell die Information über die kinematische Struktur und die Freiheitsgrade der einzelnen Maschinenkomponenten mit eingebracht werden. In Bild 2.3 ist die kinematische Struktur einer 4-Achsen-Drehmaschine dargestellt. Im folgenden wird der Aufbau des Simulationsmodells für das Kollisionsschutzsystem aus den in einem CAD-System erzeugten Polyedermodellen der einzelnen Maschinenkomponenten gezeigt.

Die Maschinenkomponenten werden bei der Konstruktion im CAD-System in voneinander unabhängigen Koordinatensystemen konstruiert. Sie können beliebig im Raum liegen. Bei der Konfiguration der kompletten Maschine müssen die einzelnen Element unabhängig von ihrer Konstruktionslage richtig in die kinematische Struktur und in das Maschinenkoordinatensystem eingebaut werden. Dabei kommen die mathematische Operationen

- Translation und
- Rotation

zur Anwendung.

Translation

Ein Koordinatensystem *A* wird durch einen Verschiebungsvektor $\vec{t}$ in ein Koordinatensystem *B* überführt. Dabei errechnen sich die Koordinaten $[x', y', z']$ des Punktes $[x, y, z]$ aus dem Koordinatensystem *A* im Koordinatensystem *B* nach folgender Beziehung:

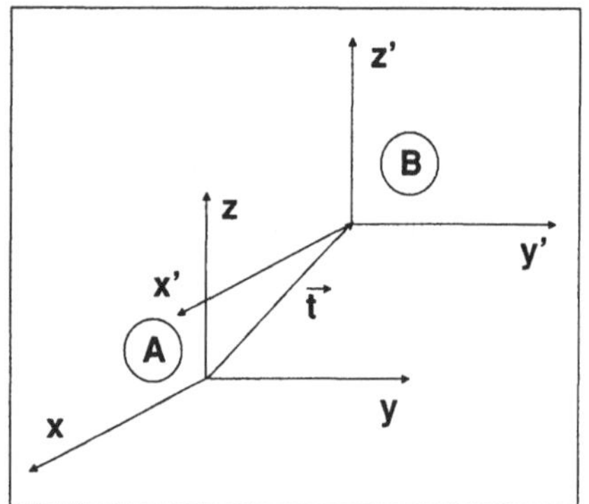

Bild 2.4: Verschiebung des Koordinatensystems.

$$x' = x - t_x \qquad \text{2.3.2 Gl.1}$$
$$y' = y - t_y$$
$$z' = z - t_z$$

In Vektorschreibweise gilt für die Abbildung eines Punktes *P* aus *A* in *B*:

$$\vec{p}' = \vec{p} - \vec{t} \qquad \text{2.3.2 Gl.2}$$

Rotation

Das kartesische Koordinatensystem *A* wird durch Drehung um die durch den Koordinatenursprung verlaufende Gerade *g* um den Drehwinkel δ in das Koordinatensystem *B* durch folgende Transformation abgebildet:

$$x' = x(\cos\delta + \alpha^2(1-\cos\delta)) + y(\gamma\sin\delta + \alpha\beta(1-\cos\delta)) + z(-\beta\sin\delta + \alpha\gamma(1-\cos\delta))$$
$$y' = x(-\gamma\sin\delta + \beta\alpha(1-\cos\delta)) + y(\cos\delta + \beta^2(1-\cos\delta)) + z(\alpha\sin\delta + \beta\gamma(1-\cos\delta))$$
$$z' = \alpha(\beta\sin\delta + \gamma\alpha(1-\cos\delta)) + y(-\alpha\sin\delta + \gamma\beta(1-\cos\delta)) + z(\cos\delta + \gamma^2(1-\cos\delta))$$
2.3.2 Gl.3

Mit

$$\alpha = \cos(\sphericalangle x, g)$$
$$\beta = \cos(\sphericalangle y, g)$$
$$\gamma = \cos(\sphericalangle z, g)$$
2.3.2 Gl.4

den Richtungscosinus der Drehachse *g*.

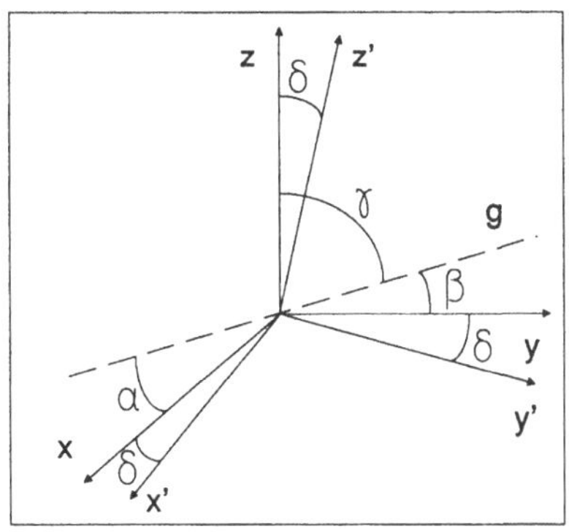

Bild 2.5: Drehung des Koordinatensystems.

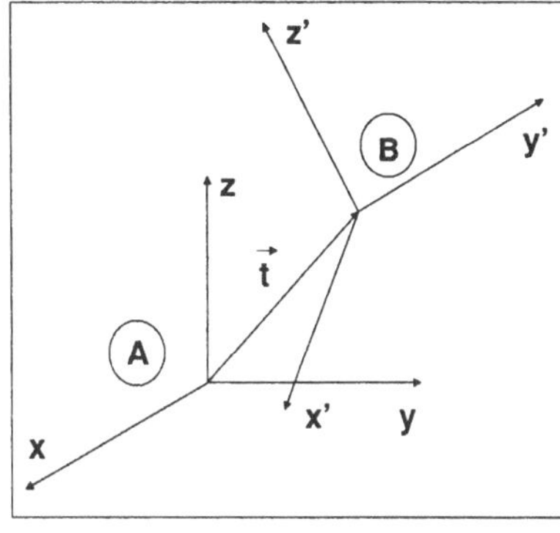

Bild 2.6: Verschiebung und Drehung des Koordinatensystems.

Definiert man die Werte

$$
\begin{aligned}
a_{11} &= \cos\delta + \alpha^2(1-\cos\delta) \\
a_{12} &= \gamma\sin\delta + \alpha\beta(1-\cos\delta) \\
a_{13} &= -\beta\sin\delta + \alpha\gamma(1-\cos\delta) \\
a_{21} &= -\gamma\sin\delta + \alpha\beta(1-\cos\delta) \\
a_{22} &= \cos\delta + \beta^2(1-\cos\delta) \\
a_{23} &= \alpha\sin\delta + \beta\gamma(1-\cos\delta) \\
a_{31} &= \beta\sin\delta + \alpha\gamma(1-\cos\delta) \\
a_{32} &= -\alpha\sin\delta + \beta\gamma(1-\cos\delta) \\
a_{33} &= \cos\delta + \gamma^2(1-\cos\delta)
\end{aligned}
$$ 2.3.2 Gl.5

so kann in Matrixschreibweise folgende Gleichung angeschrieben werde:

$$\vec{p'} = \begin{vmatrix} a_{11} & a_{12} & a_{31} \\ a_{21} & a_{22} & a_{32} \\ a_{31} & a_{32} & a_{33} \end{vmatrix} \cdot \vec{p}$$ 2.3.2 Gl.6

Werden beide Formen für eine Transformation verwendet, d.h. ein Koordinatensystem *B* geht aus einem Koordinatensystem *A* durch Drehung und Parallelverschiebung hervor, so kann dafür die Matrixgleichung

$$\vec{p'} = \begin{vmatrix} a_{11} & a_{12} & a_{31} \\ a_{21} & a_{22} & a_{32} \\ a_{31} & a_{32} & a_{33} \end{vmatrix} \cdot \vec{p} - \begin{vmatrix} t_x \\ t_y \\ t_z \end{vmatrix}$$ 2.3.2 Gl.7

angeschrieben werden, um die Koordinaten des Punktes *P* im Koordinatensystem *B* darzustellen.

Nach einem Übergang auf homogene Koordinaten, wobei die Vektoren $\vec{p}$ und $\vec{p'}$ um eine Zeile und die Matrix um eine Zeile und eine Spalte erweitert werden, kann die Transformation mit einer Matrix durchgeführt werden. Die Matrix ist in ihrer transponierten Form dargestellt.

Derselbe Ausdruck wie oben lautet dann:

$$\begin{vmatrix} p'_x \\ p'_y \\ p'_z \\ 1 \end{vmatrix} = \begin{vmatrix} a_{11} & a_{12} & a_{31} & -t_x \\ a_{21} & a_{22} & a_{32} & -t_y \\ a_{31} & a_{32} & a_{33} & -t_z \\ 0 & 0 & 0 & 1 \end{vmatrix} \cdot \begin{vmatrix} p_x \\ p_y \\ p_z \\ 1 \end{vmatrix}$$ 2.3.2 Gl.8

Mit Hilfe dieser Koordinatentransformation können Maschinenkomponenten aus einer beliebigen Lage in eine definierte Lage Transformiert werden. Voraussetzung dafür ist die Kenntnis der Ausgangs- und der Ziellage.

Für den exakten Aufbau des Simulationsmodells muß die Lage der enzelnen Komponenten im Koordinatensystem bekannt sein. Weiter muß die genaue Anbaulage für die Rekonstruktion der kinematischen Struktur der Maschine gegeben sein. Beide Informationen können mit Hilfe von drei Punkten bei der Konstruktion der einzelnen Maschnenkomponenten im CAD-System mit in das Polyedermodell integriert werden. Im folgenden wird dieser Weg für die Konfiguration des Simulationsmodells gezeigt.

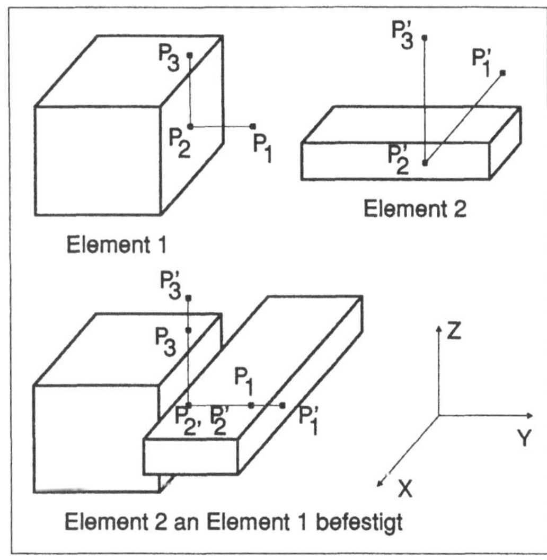

Bild 2.7: Verbinden zweier Geometrieobjekte mit Hilfe der Fügepunkte.

Für das richtige Plazieren der Modelle der einzelnen Maschinenkomponenten im Simulationsmodell werden Fügepunkte eingeführt. Mit Hilfe dieser Punkte wird eine Ebene im Raum eindeutig definiert solange die Punkte nicht auf einer Geraden liegen. An den beiden zu verbindenden Teilen werden je drei Fügepunkte als Koordinatenpunkttripel, das nicht auf einer Geraden liegt, definiert, womit der Anbauort und die Anbaurichtung eindeutig festgelegt sind. Aus ihnen wird die Transformationsmatrix einer Maschinenkomponente an ihren Bestimmungsort errechnet.

Bild 2.7 zeigt zwei Objekte, die miteinander verbunden werden sollen. An jedem von ihnen befinden sich die Fügepunkte, gekennzeichnet durch die Punkte P_1, P_2 und P_3. Die Transformation ist so auszuführen, daß Punkt P'_2 auf P_2 zu liegen kommt. Dieser ist der direkte Verbindungspunkt. Die Gerade $\overline{P'_2P'_1}$ wird auf die Gerade $\overline{P_2P_1}$ gelegt und die Ebene $\overline{P'_1P'_2P'_3}$ in die Ebene $\overline{P_1P_2P_3}$ gedreht. Im Bild liegen auch die Geraden $\overline{P_2P_3}$ und $\overline{P'_2P'_3}$ übereinander. Das muß nicht so sein und ist hier nur der Fall, da die Fügepunkttripel beide rechtwinklig sind.

Transformation der Werkzeugmaße

Einen Sonderfall bei der Konfiguration bilden die Werkzeuge. Die Lage der Werkzeuge wird durch ihre Befestigungsposition in den Werkzeughaltern der Maschine bestimmt. Diese Position wird vom Maschinenbediener bei der Umrüstung der Werkzeugmaschine durch das Vermessen der Werkzeuge ermittelt. In diesen gemessenen Werkzeugmaßen wird auch der Verschleiß der Werkzeuge durch Nachschleifen berücksichtigt. Bei der Generierung des Simulationsmodells der Werkzeuge sind diese Faktoren nicht bekannt und müssen daher bei der Konfiguration durch die aktuellen Werkzeugmasse dem Kollisionsschutzsystem bekannt gemacht werden. Die Werkzeugmaße beschreiben die Lage der Schneide zu einem Werkzeugbezugspunkt.

Ein Satz von Werkzeugmaßen besteht z.B. bei einer Drehmaschine aus folgenden Daten:

- X-Werkzeugmaß: Abweichung in Richtung der X-Koordinate
- Z-Werkzeugmaß: Abweichung in Richtung der Z-Koordinate
- I-Werkzeugmaß: Mittelpunkt bei runden Schneiden, X-Koordinate
- K-Werkzeugmaß: Mittelpunkt bei runden Schneiden, Z-Koordinate

Für die Verschiebung der Werkzeuge in Richtung der Werkzeugmaße ist die richtige Lage der Fügepunkte am Werkzeug ausschlaggebend. Ihre Lage und Orientierung muß so gewählt werden, daß die folgenden Beziehungen erfüllt werden.

- Das X-Werkzeugmaß wird in Richtung $\overline{P_2P_3}$ verschoben.
- Das Z-Werkzeugmaß in Richtung $\overline{P_2P_1}$.

Daraus folgt, daß der Punkt P_2 genau in der Schneidenspitze liegen muß und die beiden Schenkel des Fügepunktes in Richtung der X- und Z-Achse orientiert sein müssen.

Transformation des Spannradius bei Spannbacken

Ein weiterer Sonderfall ist die Lage der Spannbacken, die vom Werkstückdurchmesser abhängig ist. Die Werte für die Transformation der Spannbacken können aus dem Simulationsmodell des Werkstückes ermittelt und so bei der Konfiguration berücksichtigt werden.

3 Rahmenbedingungen für die Programm- und Datenstruktur

3.1 Programmstruktur

Die Aufgabe des Kollisionsschutzsystems ist es, die Werkzeugmaschine unter allen möglichen Betriebsbedingungen und zu jeder Zeit vor Schaden durch eine Kollision zu bewahren. Vor jeder Aktion der Maschine ist eine Kollisionsrechnung abhängig vom aktuellen Istzustand notwendig. In jedem Zyklus einer Kollisionsrechnung ist es erforderlich, bestimmte Aufgaben mit den aktuellen Parametern immer wieder erneut zu lösen. Im folgenden wird eine kurze Vorstellung der Aufgaben für einen Zyklus einer Kollisionsrechnung und eine Zusammenfassung dieser Aufgaben in Module vorgenommen.

- **Bewegungssimulation:**
  Hier werden anhand der aktuellen Parameter und Daten von der Maschine die Matrizen für die Simulation der Maschinenbewegungen im Simulationsmodell zur Verfügung gestellt.

- **Hüllvolumengenerierung:**
  In der Zykluszeit für eine Kollisionsrechnung wird von einem sich bewegenden Maschinenteil ein bestimmtes Volumen durchlaufen. Dieses Hüllvolumen um das bewegte Maschinenteil wird von der Hüllvolumengenerierung erzeugt und kann anschliessend auf Kollision geprüft werden.

- **Bearbeitungssimulation:**
  Während einer Bearbeitung unterliegt das Werkstück einer Formänderung. Die Bearbeitungssimulation übernimmt diese Formänderungen in das Simulationsmodell des Werkstückes, so daß der Kollisionstest immer mit der aktuellen Werkstückkontur erfolgen kann.

- **Kollisionstest:**
  Anhand der von den obigen Modulen zur Verfügung gestellten Daten wird am Simulationsmodell ein Kollisionstest durchgeführt.

- **Ablaufsteuerung:**
  Die Ablaufsteuerung übernimmt die Synchronisation und die Kommunikation mit der Maschinensteuerung, überwacht die Ausführung der Kollisionsrechnung unter Berücksichtigung der Echtzeitbedingung und wertet die Ergebnisse der Kollisionsrechnung aus.

- **Grafikausgabe:**
  Für den Betrieb des Kollisionsschutzsystems ist eine Grafikausgabe nicht erforderlich. Zur Beurteilung von kritischen Bearbeitungsituationen oder Kollisionen ist eine grafische Darstellung des Arbeitsraumes für den Bediener jedoch eine große Hilfe.

Eine genaue Beschreibung der Aufgaben der einzelnen Module erfolgt in den folgenden Kapiteln. An dieser Stelle werden zuerst noch einige Überlegungen zu der Programmstruktur unter Berücksichtigung des Aufbaues einer Werkzeugmaschine angestellt. Als Beispiel wird eine Zweischlittendrehmaschine mit Werkzeugrevolvern wie in Bild 3.1 skizziert, verwendet.

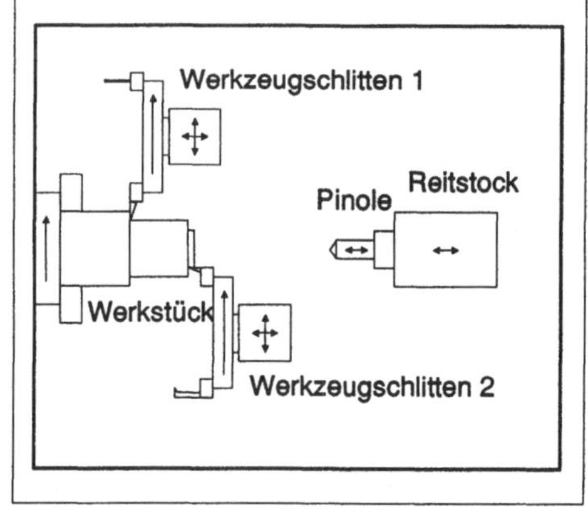

Bild 3.1: Schematische Darstellung einer 4-Achsendrehmaschine mit Reitstock.

Betrachtet man den Aufbau dieser Werkzeugmaschine, so erkennt man, daß einige Komponenten bestimmte Eigenschaften gemeinsam haben. Die Werkzeugschlitten sind praktisch identisch und können translatorische Bewegungen ausführen. Die Revolverscheiben können rotieren. Auch der Reitstock und die Pinole können sich translatorisch bewegen. Für die Beschreibung einer Werkzeugmaschine im Kollisionsschutzsystem ist es daher sinnvoll, nicht von Maschinenkomponenten zu sprechen, sondern abstrakt von Elementen, welche bestimmte Eigenschaften haben und danach behandelt werden. Auf diese Art wird man vom Maschinentyp weitestgehend unabhängig und das Kollisionsschutzsystem kann auch für andere Maschinen verwendet werden, welche sich mit den definierten Elementen beschreiben lassen. Die oben definierten Aufgaben kann man dementsprechend als Operationen, angewandt auf die Elemente, betrachten. Für einen Kollisionstestzyklus ist es somit erforderlich, die Bewegungssimulation und die Hüllvolumengenerierung für jedes Maschinenelement mit translatorischen oder rotatorischen Freiheitsgraden zu durchlaufen. Dasselbe gilt für den Kollisionstest, der auch Elementeweise erfolgen muß. Für einen Kollisionstestzyklus ergibt sich daraus der in Bild 3.2 gezeigte sequentielle Ablauf.

Vor allem im Hinblick auf die Echtzeitfähigkeit bietet sich noch eine weitere Modularisierung dieser Struktur an. Wenn man die zeitliche Folge der Ausführung der einzelnen Aufgaben betrachtet, erkennt man, daß die Aufgaben teilweise parallel gelöst werden können, da sie voneinander unabhängig sind. Ein Beispiel dafür ist die Bewegungssimulation für verschiedene sich unabhängig voneinander bewegende Maschinenkomponenten wie die beiden Werkzeugschlitten bei einer Drehmaschine. Für kurze Reaktionszeiten des Kollisionsschutzsystems auf Aktionen der Maschine bietet sich daher eine parallele Bearbeitung unterschiedlicher oder auch gleicher Aufgaben mit verschiedenen Parametern an. Künftig wird für Aufgabe der in der Datenverarbeitung gebräuchliche Begriff Prozeß verwendet. In Bild 3.3 ist eine Programmstruktur mit einer parallelen Ausführung mehrerer Prozesse gezeigt.

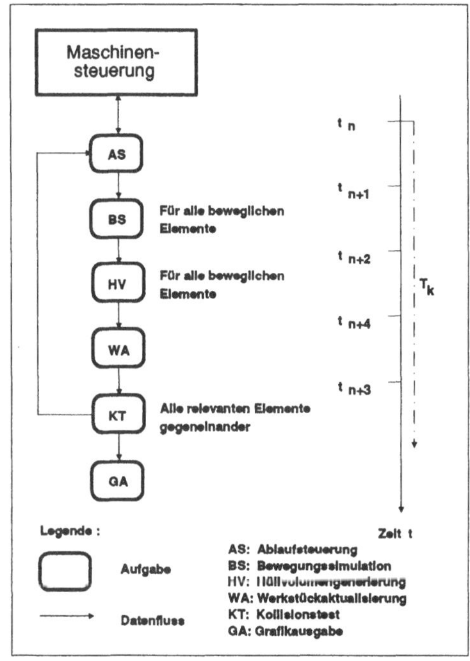

Bild 3.2: Sequentieller Programmablauf.

Eine parallele Bearbeitung der Aufgaben im Kollisionsschutzsystem ergibt kürzere Bearbeitungszeiten, da das Problem sehr gut für eine Parallelisierung geeignet ist. Dieser Vorteil wird jedoch durch eine aufwendigere Hardware und Kommunikation gegenüber einer sequentiellen Verarbeitung erkauft. Ein Vorteil in der Verarbeitungsgeschwindigkeit ist bei parallelen Prozessen nur mit einem Mehrprozessorsystem und damit einer wirklich zeitgleichen Bearbeitung verschiedener Prozesse zu erreichen. Die Folge davon ist, daß die Datenhaltung dezentral erfolgen muß. Der Zugriff auf globale Daten ist nicht ohne Synchronisation des Zugriffes der einzelnen Prozesse auf gemeinsam verwendete Daten möglich. Benötigt ein Prozeß Daten welche nicht auf seinem Prozessor vorhanden sind, ist ein Datentransfer zwischen verschiedenen Prozessoren erforderlich. Der Vorteil des Mehrprozessorsystems kommt nur zum tragen, wenn die Kommunikationszeit klein ist im Verhältnis zur Rechenzeit und so keine langen Wartezeiten auf Daten auftreten. Eine mögliche Lösung für dieses Problem ist eine mehrfache Haltung der gleichen Daten auf verschiedenen Prozessoren wenn die Konsistenz der Daten gewahrt werden kann. Auf diese Weise kann Kommunikationszeit gespart werden, durch die redundante Datenhaltung sind jedoch grössere Speicherkapazitäten erforderlich.

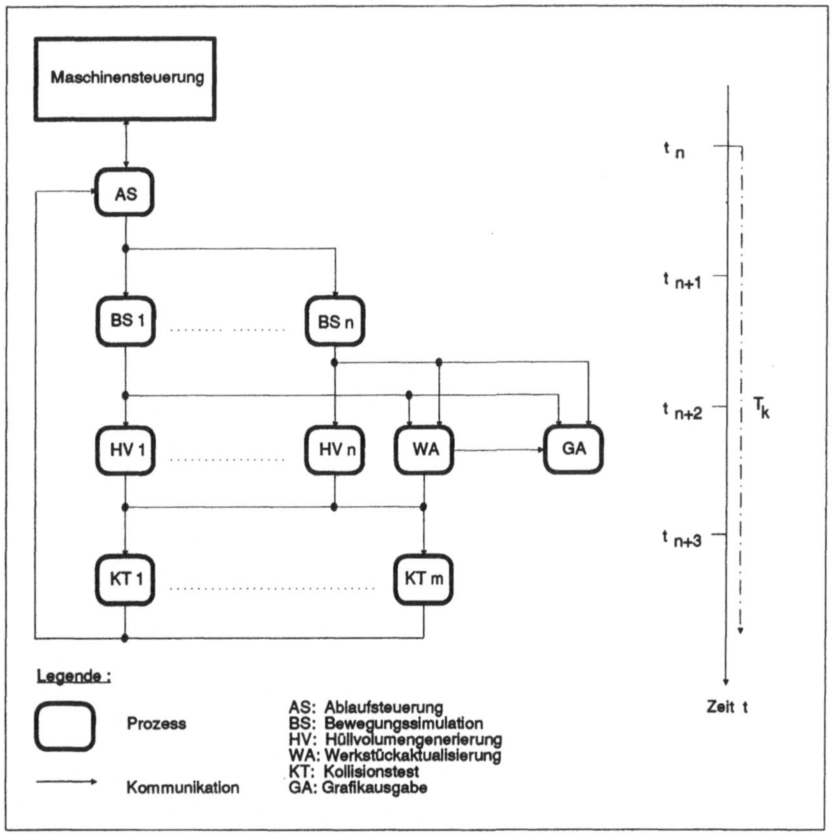

Bild 3.3: Paralleler Programmablauf.

Bei dem Einsatz eines Mehrprozessorsystems für den Kollisionsschutz ergibt sich auch noch die Aufgabe der kommunikativen Verbindung der verschiedenen Prozesse und Prozessoren und die Synchronisation der Zugriffe auf globale Daten. Für diese Aufgabe ist ein Verbindungs- und Kommunikationsprozeß erforderlich, der im folgenden kurz als Linkprozeß bezeichnet wird.

Für die Programmstruktur ergeben sich aus den obigen Betrachtungen folgende Merkmale:

- Die Aufgaben in einem Kollisionsschutzsystem lassen sich in sechs, wenn man bei einer parallelen Struktur den Linkprozeß noch hinzurechnet, in sieben Module aufteilen.

- Da eine parallele Struktur in Verbindung mit einem Mehrprozessorsystem bei komplexeren Werkzeugmaschinen Geschwindigkeitsvorteile verspricht, ist es sinnvoll, die Programmodule so zu gestalten, daß sowohl eine parallele Abarbeitung in einem Mehrprozessorsystem als auch eine sequentielle Abarbeitung in einem Einprozessorsystem möglich ist.

- Die Datenstrukturen sind ebenfalls für dezentrale Haltung in einem Mehrprozessorsystem und zentrale Haltung in einem Einprozessorsystem vorzusehen.

3.2 Datenstruktur

Das Simulationsmodell für ein dreidimensionales Kollisionsschutzsystem umfaßt den gesamten Arbeitsraum der Werkzeugmaschine mit allen kollisionsrelevanten Maschinenkomponenten. Die Abbildung der Maschinenkomponenten in das Simulationsmodell erfolgt dabei über eine Datenstruktur mit einer vollständigen geometrischen Beschreibung der einzelnen Komponenten als Polyedermodell (siehe Kapitel 2). Zusätzlich zu der geometrischen Beschreibung sind in der Datenstruktur Informationen über bestimmte Eigenschaften und Attribute sowie für den Zugriff auf diese Komponenten enthalten. Da das Simulationsmodell mit der vollständigen Beschreibung aller Maschinenkomponenten sehr aufwendig ist, ist für einen schnellen Zugriff auf die Daten des Simulationsmodells eine optimal angepaßte Datenstruktur unbedingt erforderlich. Im folgenden sind die Rahmenbedingungen für die Beschreibung des Simulationsmodelles in einem Kollisionsschutzsystem nach ihrer logischen Funktion zusammengefaßt:

- **Maschinenstruktur und Zugriff**
  Betrachtet man den Aufbau einer Werkzeugmaschine, so erkennt man voneinander unabhängige Komponenten und voneinander durch die kinematische Struktur der Maschine abhängige Komponenten. Abhängige Komponenten sind konstruktiv mit übergeordneten Komponenten verbunden und bewegen sich zwangsläufig mit wenn diese übergeordneten Komponenten sich bewegen. In Bild 2.3 ist die kinematische Struktur einer Drehmaschine dargestellt. Eine derartige Struktur wird auch als Baumstruktur bezeichnet. Für die Abbildung der Maschinenstruktur im Simulationsmodell bietet sich die kinematische Struktur der Werkzeugmaschine an, da in dieser die Bewegungsmöglichkeiten der einzelnen Maschinenkomponenten und die Abhängigkeit dieser Komponenten von den Bewegungen anderer Komponenten exakt wiedergegeben ist und auch im Simulationsmodell des Kollisionsschutzes alle Bewegungen der Maschinenkomponenten nachvollzogen werden müssen.

- **Geometriebeschreibung**
  In der Geometriebeschreibung wird die Abbildung der geometrischen Abmessungen der Maschinenkomponenten in das Simulationsmodell vorgenommen. Diese werden dabei durch eine Polyederhülle entweder exakt oder bei gekrümmten Komponenten angenähert dargestellt.

- **Positionsbeschreibung**
  Die Positionsbeschreibung enthält die mathematische Beschreibung der Bewegungen der Maschinenkomponenten für eine Simulation im Kollisionsschutzsystem.

- **Hilfsdaten**
  Die Hilfsdaten sind für zusätzliche Informationen erforderlich wie z.B. die Farbe eines Elementes bei einer grafischen Ausgabe auf einem Bildschirm.

Ein weiterer wichtiger Punkt bei der Datenstruktur für die Abbildung einer Werkzeugmaschine in ein Simulationsmodell ist die Frage nach zentraler Datenhaltung in einem Einprozessorsystem oder dezentraler Datenhaltung in einem Mehrprozessorsystem. Da es nach den Überlegungen in Kapitel 3.1 sinnvoll ist, bei der Konzeption Ein- und Mehrprozessorsysteme zu berücksichtigen und in diesem Fall das Einprozessorsystem einen Sonderfall eines Mehrprozessorsystems darstellt, wird im folgendem immer von einem Mehrprozessorsystem ausgegangen. Für eine weitere Detailierung der Datenstruktur und der Datenhaltung ist erst eine genaue Definition der Anforderungen an die Datenstruktur durch die Programmodule erforderlich.

4 Bewegungssimulation

Für die Kollisionsüberprüfung bei einer Werkzeugmaschine sind die aktuellen Positionen der kollisionsrelevanten Maschinenkomponenten von entscheidender Bedeutung. Führt die Maschine eine Bewegung aus, muß diese Bewegung in das Simulationsmodell des Kollisionsschutzsystems abgebildet werden. Das Problem liegt dabei weniger in der Simulation der Maschinenbewegung als in der Berücksichtigung der von den bewegten Maschinenkomponenten durchlaufenen Volumina während der Berechnungszeit. Jede Kollisionsberechnung entspricht einer Momentaufnahme der Maschinenkomponenten zu einem bestimmten Zeitpunkt und an einem bestimmten Ort, also einer zeitdiskreten Abbildung. Die Bewegungen der Maschine erfolgen jedoch linear, so daß entweder eine Kollisionsrechnung in so kurzen Zeitintervallen durchgeführt werden muß, daß man die Bewegung der Maschine vernachlässigen kann, oder man findet Möglichkeiten zur Berücksichtigung der durchlaufenen Volumina. Da mit realistischen Mitteln die Rechenzeit nicht entsprechend kurz gemacht werden kann, bleibt nur die zweite Möglichkeit. Dabei ist es für einen umfassenden dreidimensionalen Kollisionsschutz erforderlich, jede Bewegung der Maschine bereits vor ihrer Ausführung auf Kollisionsfreiheit zu überprüfen um im Falle einer erkannten Kollision die Maschine rechtzeitig anhalten zu können. Jede Bewegung der Maschine muß daher im Simulationsmodell vorausgerechnet und das dabei vom Modell durchlaufene Volumen auf Kollisionsfreiheit geprüft werden. Ist die Kollisionsfreiheit gesichert, darf die Maschine in diesem Bereich verfahren. Die Länge des im voraus auf Kollision zu prüfenden Wegteilstückes ist von zwei Parametern abhängig. Zum einen darf nur ein möglichst kleines Stück vorausgerechnet werden, um bei langen Verfahrwegen eine Scheinkollision zwischen den bearbeitenden Werkzeugschlitten zu vermeiden, die zu einem unnötigen Anhalten der Maschine durch den Kollisionsschutz führen. Andererseits kann die Rechenzeit für eine Kollsionsberechnung bedingt durch die verwendete Harware und die aufwendigen Algorithmen für eine Kollisionserkennung nicht beliebig klein gemacht werden. Der Kollisionsschutz muß mindestens soweit vorausrechnen, daß die Maschine den überprüften Bereich nicht verlassen kann, während der Kollisionsschutz am nächsten Wegstück rechnet. Diese Bedingung wird noch durch die Tatsache verschärft, daß die Maschine Zeit für die Reaktion auf eine Kollisionsmeldung vom Kollisionsschutzsystem und bis zum Stillstand aller bewegten Maschinenkomponenten benötigt. Es ist daher zusätzlich noch der Weg zu berücksichtigen, den diese Maschinenkomponenten vom Augenblick der Kollisionserkennung bis zum Stillstand zurücklegen [14].

Von grundlegender Bedeutung für die Bewegungsimulation im Kollisionsschutzsystem ist daher die Berücksichtigung der durchlaufenen Volumina während eines Rechenzykluses und die Bestimmung des Wegstückes, das im voraus auf Kollisions geprüft werden muß. Zu diesem

Problem werden auch in [14] Lösungen vorgeschlagen. Bei diesem Verfahren sind jedoch die während der Rechnzeit durchlaufenen Volumina nicht berücksichtigt.

4.1 Berücksichtigung durchlaufenener Volumina im Simulationsmodell

Das von den Maschinenkomponenten durchlaufene Volumen kann im Simulationsmodell auf verschiedene Art und Weise berücksichtigt werden. Im folgenden werden vier sich ergänzende Möglichkeiten für die Abbildung der Maschinenkomponenten vorgestellt und auf ihre Eignung abhängig von den Betriebsbedingungen für ein Kollisionsschutzsystem untersucht:

- Die einfachste Abbildung der Maschinenkomponenten im Simulationsmodell ist eine exakte Darstellung. Die Daten von der Konstruktion auf einem CAD-System können unverändert übernommen werde.

- Aus der aktuellen Position der Maschine und dem Verfahrvektor der anstehenden Verfahrbewegung wird ein exaktes Hüllvolumen gebildet, das die Maschinenkomponente vor der Verfahrbewegung, nach der Verfahrbewegung und das von ihr während der Verfahrbewegung durchlaufene Volumen beinhaltet.

- Jede Maschinenkomponente wird im Simulationsmodell mit einer Schutzzone ummantelt, die so dimensioniert ist, daß diese Maschinenkomponente auch unter Worst-Case-Bedingungen ihr um die Schutzzone vergrößertes und auf Kollisionsfreiheit getestetes Volumen während eines Rechenzykluses nicht verlassen kann.

- Speziell bei Drehmaschinen mit Werkzeugrevolvern erfordert eine Rotation des Werkzeugrevolvers bei einem Werzeugwechsel noch ein weiteres Verfahren, da bei dieser Bewegung keine Lageinformationen und keine Drehrichtung von der Maschinensteuerung geliefert werden. Dabei wird der Schwenkbereich, der von einer um eine feste Achse rotierenden Maschinenkomponente und allen daran montierten Komponenten bei einer vollen 360 Grad Rotation überstrichen wird, im Simulationsmodell als Rotationstonne abgebildet.

Exakte Maschinengeometrie

Alle festen Maschinenkomponenten benötigen weder Schutzzonen noch Hüllvolumina, da sie keine Bewegungen ausführen. Diese Komponenten werden abgesehen von einer vereinfachten Darstellung für das Simulationsmodell des Kollisionsschutzes im CAD-System mit exakten

Maschinenteilmaßen erstellt und sind die Basis für alle anderen Darstellungsarten der Maschinenkomponenten. Für die Maschine besteht keinerlei Einschränkung in der Bewegungsfreiheit, da sich die Maschinenelemente bis zur Berührung der realen Maschinengeometrie frei von Scheinkollisionen annähern können. Der Kollisionsschutz kann die Lage von vorausberechneten möglichen Kollisionen genau lokalisieren. Die Erstellung der Maschinengeometrie benötigt keine Rechenzeit zur Laufzeit des Kollisionsschutzes. Für bewegte Maschinenkomponenten ist diese Darstellung nicht möglich, da keine durchlaufenen Volumina berücksichtigt werden.

Schutzzone um eine Geometrie

Alle Maschinenkomponenten werden mit einer Schutzzone ummantelt, die an keiner Stelle kleiner als der Schutzzonenmindestabstand d_{sz_min} werden darf. Der Schutzzonenmindestabstand wird im Kapitel 4.4 definiert. Er ist ein konstanter Wert, der als eine Funktion der Maschinenverfahrgeschwindigkeit, des Bremsweges der Maschine und der Rechenleistung des Kollisionsschutzsystems berechnet werden kann. Die Schutzzonen werden zum Zeitpunkt der Konfiguration der Maschine im Simulationsmodell zu den exakten Maschinengeometrien addiert und erfordern keine Rechenzeit während der Laufzeit des Kollisionsschutzes. Durch eine Verwendung von Schutzzonen in allen Richtungen für die Kollisionsberechnung kann eine Berücksichtigung der Verfahrrichtung und damit der Verfahrbefehle entfallen. Für die Kollisionsberechnung wird als aktueller Wert nur die Istposition benötigt. Die Datenmenge für die Abbildung des Simulationsmodells ist nicht grösser als bei einer exakten Darstellung. Von der Maschinensteuerung werden für eine Kollisionsrechnung nur die Istpositionen benötigt. Für Maschinenkomponenten, die sich infolge des Bearbeitungsvorganges berühren, wie z.B. das Werkstück und das aktive Werkzeug, ist eine Schutzzonendarstellung nicht möglich. Ein weiterer Nachteil ist die Einschränkung der Bewegungsfreiheit der Maschine in allen Richtungen. Der Schutzzonenabstand d_{sz_min} muß auf den Worst-Case ausgelegt werden, da er bereits bei der Konfiguration bekannt sein muß. Bei zwei bewegten Maschinenkomponenten mit einer Schutzzone ist nur noch eine Annäherung auf maximal $2 \cdot d_{sz\_min}$ erlaubt.

Hüllvolumen

Aus der exakten Maschinengeometrie und dem Verfahrvektor des anstehenden Verfahrsatzes wird von der aktuellen Istposition aus das Hüllvolumen berechnet, in dem sich die Maschinenkomponente während des Verfahrabschnittes bewegt. Der Kollisionsschutz benötigt die Verfahrinformation für den anstehenden Verfahrsatz vorab zur Berechnung des Hüllvolumens. Das Hüllvolumen ist vor jedem Kollisionstest neu zu berechnen. Bei gekrümmten Bewegungsbahnen ist eine Segmentierung in gerade Teilstücke erforderlich. Anschließend werden diese Teilstücke wie gerade Verfahrbewegungen behandelt. Das Hüllvolumen wird als Funktion von Verfahrgeschwindigkeit, Bremsweg der Maschine, Rechengeschwindigkeit und Richtung der Verfahrbewegung gebildet und dimensioniert. Ein Vorteil dieses Verfahrens ist die exakte Abbildung des von der Maschinengeometrie durchlaufenen Volumens bei geraden Verfahrwegen. Bei Kurvenbahnen tritt eine definierte Abweichung durch die Approximation des Kreisradius mit einer begrenzten Zahl von Geradensegmenten auf. Eine Annäherung der Maschinenkomponenten bis unmittelbar vor eine Berührung ist möglich und die Bewegungsfreiheit der Maschine bis in die Endpositionen wird nicht eingeschränkt. Ein Nachteil ist die aufwendige Berechnung des Hüllvolumens zur Laufzeit. Die Datenmenge wird im Vergleich zu einer exakten Darstellung oder Schutzzonendarstellung auf etwa das doppelte erhöht. Die Ankopplung an die Steuerung ist aufwendiger, da Verfahrinformationen vorab gelesen und verwaltet werden müssen. Bei sehr langen Hüllvolumina und Bearbeitung mit mehreren Schlitten können an Überschneidungen der Verfahrwege Scheinkollisionen auftreten. Da die Maschine bei Kurvenbahnen nicht exakt in dem Hüllvolumen verfährt, das durch die approximierten geradlinigen Segmente definiert wird, muß dieser Fall bei der Bearbeitung gesondert behandelt werden.

Rotationstonne als Schutzbereich

Um die Drehachse einer Maschinenkomponente wird eine rotationssymmetrische Tonne gelegt, die anhand der Maximalmaße der Maschinenkomponente und der Maximalmaße der daran montierten Komponenten dimensioniert wird. Die Rotationstonne wird zum Zeitpunkt der Konfiguration der Maschine berechnet. Die Rotationstonne ist notwendig, da es bei Revolverrotationen keine Positionsmeldungen und keine Information über die Drehrichtung von der Maschinensteuerung gibt und deshalb der gesamte Schwenkbereich in einem Schritt berücksichtigt werden muß. Der Vorteil ist ein einfacher Kollisionstest mit der Rotationstonne und weniger Rechenzeitbedarf, da eine Überprüfung aller möglichen Zwischenpositionen nicht erforderlich ist. Durch die grobe Annäherung der Maschinenkomponenten im Simulationsmodell ergeben sich jedoch Nachteile. Die rotierende Maschinenkomponente muß für den Rotationsvorgang so weit von anderen Maschinenteilen entfernt sein, daß keine Kollision zwischen der Rotationstonne und der Umgebung auftritt. Das gilt auch dann, wenn nicht der gesamte mögliche Schwenkbereich durchfahren wird. Beim Einsatz großer Spezialwerkzeuge, bei denen die Rotation des Revolvers nur in einem eingeschränkten Bereich möglich ist, führt die Worst-Case-Auslegung der Rotationstonne zu Scheinkollisionen. Die Tonne muß für eine 360 Grad-Rotation dimensioniert werden und macht eine Kollisionsüberprüfung der Rotation nur für bestimmte Winkelbereiche unmöglich.

Wahl der Darstellungsarten für bestimmte Maschinenelemente

Die obigen Betrachtungen zeigen, daß keine der möglichen Darstellungsformen der Maschinenkomponenten im Simulationsmodell allen Anforderungen eines Kollisionsschutzsystems gerecht werden kann. Die Lösung liegt daher in einer Kombination aller Darstellungsarten. Es ist möglich, durch eine geschickte Zuordnung der Darstellungsarten zu den Maschinenkomponenten eine befriedigende Lösung zu finden. Im folgenden werden geeignete Kombinationen vorgestellt:

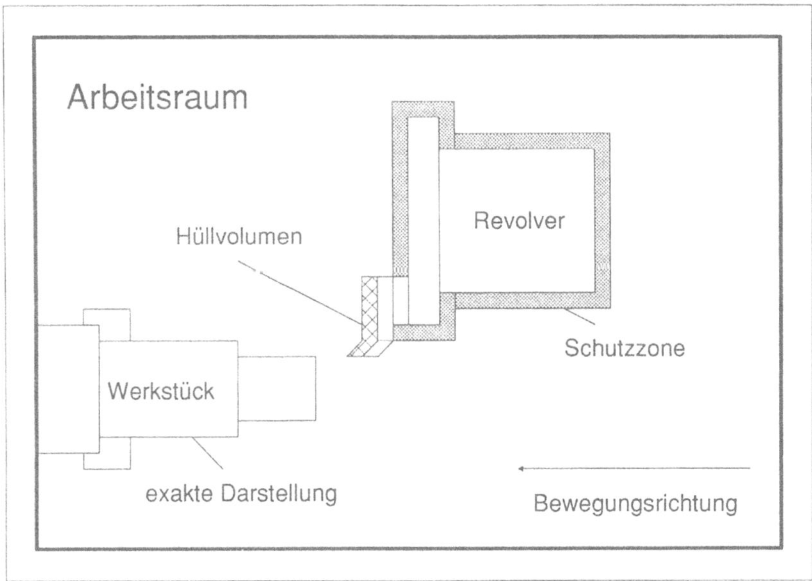

Bild 4.1: Drehmaschine mit Schutzzone um Revolver und Revolverscheibe, Hüllvolumen für Werkzeug und Werkzeughalter und exakter Darstellung von Spannfutter, Spannbakken, Werkstück und Arbeitsraum.

- Werkstück:

  Während der Bearbeitung unterliegt das Werkstück einer Formänderung. Aus diesem Grunde muß es mit seinen exakten Massen im Simulationsmodell abgebildet werden. Dies ist ohne Probleme möglich, da das Werkstück als nicht bewegte Maschinenkomponente betrachtet werden kann.

- **Werkzeuge:**
  Werkzeuge in Bearbeitungsposition (aktive Werkzeuge) können während einer Verfahrbewegung im Simulationsmodell durch ein Hüllvolumen dargestellt werden, welches das durchlaufene Volumen beschreibt. Dadurch wird eine Annäherung der aktiven Werkzeuge untereinander und an das Werkstück ermöglicht. Das Werkzeug kann entlang der Werkstückkontur verfahren. Bei nicht aktiven Werkzeugen ist eine exakte Darstellung des durchlaufenen Hüllvolumens nicht erforderlich, daher kann für sie die Schutzzonendarstellung gewählt werden.

- **Werkzeugschlitten, Werkzeugrevolver, Werkzeughalter und nicht aktive Werkzeuge:**
  Da diese Maschinenteile nicht aktiv in die Bearbeitung eingreifen, sich aber im Rahmen der Bearbeitung bewegen, ist eine Darstellung mit Schutzzonen sinnvoll. Eine Annäherung an andere Maschinenteile bis zur Berührung der realen Maschinenkomponenten ist für sie nicht erlaubt.
  Eine besondere Form der Darstellung als Rotationstonne wird für die Revolverscheibe, die montierten Werkzeughalter und Werkzeuge beim Werkzeugwechsel mittels Revolverdrehung gewählt. Die Rotationstonne ersetzt alle Maschinenkomponenten während der Rotation im Simulationsmodell und beinhaltet alle Volumina, welche von den enthaltenen Komponenten bei einer 360 Grad Rotation des Revolvers durchlaufen werden. Kann die Rotationsbewegung noch von einer linearen Bewegung der Maschine überlagert werden, muß die Rotationstonne noch um den Schutzzonenmindestabstand vergrössert werden. Damit sind in der Rotationstonne alle möglichen Positionen während eines Werkzeugwechsels zusammengefaßt, was zu einer erheblich verminderten Rechenlast für den Kollisionstest führt. Die dadurch frei werdende Rechenzeit kann für die Transformation aller Werkzeuge und ihrer Halter in die neue Zielposition verwendet werden.

- **Spannbacken und Spannfutter:**
  Diese Maschinenkomponenten können mit hoher Drehzahl um die Rotationsachse rotieren. Es ist daher nicht möglich und auch nicht sinnvoll, diese Komponenten in ihrer Orginalform im Simulationsmodell zu halten. Sie können bereits bei der Konfiguration durch rotationsymmetrische Ringe ersetzt werden, die sich aus den maximalen Abmessungen ergeben. Diese Ringe sind stationär und können mit exakten Maßen abgebildet werden. Die exakte Darstellung erlaubt eine Bearbeitung mit dem aktiven Werkzeug bis an die Einspannstelle des Werkstückes heran, ohne daß der Kollisionstest vorzeitig wegen einer Scheinkollision abbricht.

- **Maschinenraumbegrenzung, Maschinenrahmen und sonstige stationäre Maschinenelemente:**
  Alle weiteren kollisionsrelevanten und fest montierten Maschinenkomponenten können als exakte Geometrien mit im Rahmen der Toleranzgrenze vereinfachten Oberflächen im Simulationsmodell abgebildet werden. Der Bewegungsspielraum der verfahrenden Werkzeugträger und Werkzeuge wird gegenüber diesen Maschinenteilen nur durch die Schutzzonen oder Hüllvolumina auf der Seite der verfahrenden Elemente begrenzt.

In Bild 4.1 ist eine Drehmaschine mit einem Werkzeugschlitten, Spannfutter, Spannbacken und Werkstück abgebildet. Die Art der Berücksichtigung des durchlaufenen Volumens bei einer Verfahrbewegung ist gerastert dargestellt.

4.2 Synchronisation von Maschinenbewegung und Kollisionsschutz

Von grundsätzlicher Bedeutung für die Erstellung der Algorithmen ist die Art der Synchronisation des Kollisionsschutzsystems mit der Maschinensteuerung. Alle vorkommenden Betriebsarten und Funktionen der Maschine sollen für eine fehlerfreie direkte Synchronisation zwischen Maschinenbewegung, Bewegungssimulation und Kollisionstest berücksichtigt werden. Hierfür sind drei Methoden denkbar:

- Funktionsabhängige Synchronisation,
- Wegabhängige, interruptgesteuerte Synchronisation oder
- Zeitabhängige Synchronisation.

Im folgenden werden die drei Alternativen vorgestellt und auf ihre Vor- und Nachteile für ein Kollisionsschutzsystem untersucht.

Funktionsabhängige Synchronisation

Die Reaktionen des Kollisionsschutzes erfolgen direkt auf die Maschinenfunktionen. Wenn in NC-Programmen ein neuer Satz gestartet werden soll oder der Bediener eine Funktion durch Tastendruck direkt auslöst, so erhält der Kollisionsschutz die notwendigen Information von der Maschinensteuerung und berechnet daraus die für die Bewegungssimulation benötigten Werte.

Die Maschinenposition auf dem erechneten Verfahrweg wird durch Interpolation im Kollisionsschutzsystem ermittelt. Ein Vorteil dieses Verfahrens ist die einfache Kopplung an die Steuerung der Maschine und der geringe Kommunikationsaufwand. Dem stehen jedoch als Nachteile eine Abweichung vom realen Verfahrweg bei längeren Verfahrsätzen wegen fehlender Informationen über die aktuelle Maschinenposition gegenüber. Auch die Berücksichtigung von Bedienereingaben wie z.B. Vorschuboverride sowie die Synchronisation bei einer Mehrschlittenbearbeitung sind schwierig, da die Funktionsaufrufe für die Schlitten asynchron erfolgen.

Wegabhängige, interruptgesteuerte Synchronisation

Der Kollisionsschutz rechnet in Kenntnis der aktuellen Maschinenfunktion der Maschine immer ein bestimmtes Wegstück voraus. Das Wegmeßsystem der Maschine erzeugt nach festgelegten Wegintervallen einen Interrupt und der Kollisionsschutz beginnt mit der Überprüfung des nächsten Wegabschnittes. Dieses Verfahren bietet einige Vorteile. Der Kollisionsschutz benötigt nur Rechenzeit wenn es wirklich erforderlich ist. Bedienereingaben und wichtige Änderungen werden durch die Interruptfolge automatisch berücksichtigt und die Kollisionsrechnung kann von bekannten Maschinenpositionen aus erfolgen. Ein Nachteil bei einer interruptgesteuerten Synchronisation ist der zusätzliche Aufwand für die Hardware zur Interruptgenerierung. Weit schwieriger ist dabei jedoch die Synchronisation bei einer Mehrschlittenbearbeitung, da asynchrone Interrupts von mehreren Schlitten in Echtzeit behandelt werden müssen [12].

Zeitabhängige Synchronisation

Der Kollisionsschutz erfragt in festen Zeitabständen die aktuelle Maschinenposition und prüft in Kenntnis der augenblicklichen Maschinenfunktion alle Maschinenkomponenten und das im nächsten Zeitabschnitt von diesen zu durchfahrende Volumen auf Kollisionsfreiheit. Dieses Verfahren bietet gegenüber der Funktions- und Interruptgesteuerten Synchronisation die meisten Vorteile. Der Programmablauf ist relativ einfach, da bei zeitdiskreten Aufrufen des Kollisionsschutzes keine asynchronen Interrupts behandelt werden müssen. Durch eine gleichzeitige Behandlung aller bewegten Maschinenkomponenten ist eine Synchronisation der Kollisionsrechnung mit einer Mehrschlittenbearbeitung nicht erforderlich. Auch Bedienereingaben und sonstige Statusänderungen im laufenden Satz können in jedem Zeitschritt sofort mit berücksichtigt werden. Dieses Verfahren wird auch von [14] gewählt.

Dem Verfahren der zeitabhängigen Synchronisation des Kollisionsschutzsystems mit der Maschinensteuerung wird vor allem aufgrund der einfachen Behandlung einer Mehrschlittenbearbeitung und der Möglichkeit, auf Override-Befehle durch den Bediener während einer laufenden

Maschinenfunktion einzugehen, im folgenden der Vorzug gegeben und wird allen weiteren davon abhängigen Ausführungen zugrunde gelegt.

4.3 Wahl des Bezugspunktes für die Vorausberechnung

Für eine Kollisionsrechnung werden die genauen Positionen der Maschinenkomponenten im Simulationsmodell benötigt. Diese Positionen dienen als Ausgangslage für die Vorausberechnung der durchlaufenen Volumina. Im direkten Zusammenhang mit der Informationsquelle für die aktuelle Istposition stehen drei verschiedene Möglichkeiten für die Wahl des Bezugspunktes zur Verfügung, ab dem die Hüllvolumina gebildet und geprüft werden können:

- die Sollwertposition des Interpolators,
- eine vom Kollisionsschutz ab Istposition vorausinterpolierte Position oder
- die Istposition der Maschine aus dem Wegmeßsystem.

Sollwertposition des Interpolators

Der Interpolator der Maschinensteuerung setzt die Verfahranweisungen für die Maschine in Sollwertvorgaben für die Maschinenbewegung um. Diese Sollwertvorgaben können als Grundlage für die Vorausberechnungen des Kollisionsschutzes verwendet werden. Die Sollwertvorgabe kann von der tatsächlichen Istposition um den Schleppfehler differieren. Von Vorteil ist die direkte Übernahme der Lageinformation von der Maschinensteuerung ohne Rechenaufwand im Kollisionsschutzsystem. Ein Problem ist dabei die Berücksichtigung des Schleppfehlers bei den durchlaufenen Volumina. Der Schleppfehler ist variabel und von der Bearbeitungsituation abhängig. Eine exakte Bestimmung der durchlaufenen Volumina ist nicht möglich und die Maschine verfährt dadurch eventuell außerhalb des vom Kollisionsschutz berechneten und überprüften Volumens, wodurch unerkannte Kollisionen oder Scheinkollisionen auftreten können.

Vom Kollisionsschutz interpolierte Position

Der Kollisionsschutz überprüft den Bereich ab einer von ihm vorausinterpolierten Position. Diese Position errechnet sich aus der aktuellen Istposition der Maschine und dem bereits vorausgerechneten Wegstück. Sie begründet sich auf der Tatsache, daß das in der Berechnungszeit durchfahrene Wegstück plus der maximale Bremsweg schon im vorhergehenden Rechenschritt auf Kollisionsfreiheit überprüft wurden. Damit wird nur der Weg ab der bereits überprüften Strecke getestet, nicht aber das Volumen in dem sich das Maschinenteil noch befindet. Der Schleppfehler wirkt sich dabei nicht aus, da die Berechnungsgrundlage für den Bezugspunkt die exakte Istposition ist. Es gibt keine wiederholte Überprüfung bereits auf Kollisionsfreiheit untersuchter Volumina. Problematisch ist jedoch eine Veränderung der Bewegungsgeschwindigkeit der Maschine. Verfährt die Maschinenkomponente, deren durchlaufenes Volumen getestet wird, aufgrund eines Vorschub-Overrides oder einer Störung nicht oder langsamer als angenommen, so kann in dem zu einem früheren Zeitpunkt überprüften Bereich bei Mehrschlittenbearbeitung eine andere Maschinenkomponente einfahren und vom Kollisionsschutz unbemerkt kollidieren.

Istposition der Maschine

Der Kollisionsschutz berechnet das zu durchlaufene Volumen ab der aktuellen Istposition der Maschine. Wie im vorhergehenden Verfahren wirken sich Schleppfehler durch Berechnung ab der aktuellen Istposition nicht negativ aus. Selbst bei einem Stillstand der Maschine bleiben alle Komponenten immer im überprüften Volumen. Allerdings werden Teile des Verfahrweges mehrfach überprüft.

Da für das Kollisionsschutzsystem das Auftreten von nicht erkennbaren Kollisionen nicht toleriert werden kann, ist nur die letzte Möglichkeit für die Wahl des Bezugspunktes geeignet. Im folgenden wird als Bezugspunkt für alle Bewegungsimulationen im Simulationsmodell des Kollisionsschutzsystems die Istposition verwendet.

4.4 Definition des Kollisionsschutzvorschubes

Um die Maschine vor Schaden durch Kollisionen zu bewahren, ist es erforderlich, daß der Kollisionsschutz vor jeder Bewegung der Maschine die Wege auf Kollisionsfreiheit überprüft [14]. Dabei stellt sich die Frage, wie weit der Kollisionsschutz der Maschine für einen sicheren

Betrieb voraus rechnen muß. Eine Möglichkeit ist, alle Bewegungsanweisungen vom Start- bis zum Zielpunkt komplett auf Kollisionsfreiheit zu prüfen. Dieses Verfahren ist für eine Einschlittenbearbeitung gut geeignet, hat aber den Nachteil, daß bei einer Mehrschnittbearbeitung durch die bei langen Verfahrwegstrecken entstehenden durchlaufenen Volumina der bewegten Maschinenkomponenten die Wahrscheinlichkeit für Scheinkollisionen zunimmt. Bei einer Mehrschnittbearbeitung ist es somit am besten, nur so weit als unbedingt erforderlich vorauszurechnen.

Der von der Maschine während eines Rechenzykluses des Kollisionsschutzsystems zurückgelegte Weg ist von der Zykluszeit T_k mit der der Kollisionsschutz aufgerufen wird und von der Vorschubsgeschwindigkeit der Maschine v_{mv} abhängig. Diese Wegstrecke wird als Kollisionsschutzverfahrweg s_k bezeichnet und beträgt:

$$s_k = v_{mv} \cdot T_k \qquad \text{4.4.0 Gl.1}$$

Um die Echtzeitbedingung in jedem Falle einhalten zu können, müssen für die Bestimmung des Kollisionsschutzverfahrweges s_k die Maximalwerte der erreichbaren Geschwindigkeit und der benötigten Rechenzeit eingesetzt werden. Die Periode T_k muß dabei grösser gleich der maximalen Kollisionsschutzrechenzeit T_{kr} gewählt werden.

$$T_k \geq T_{kr} \qquad \text{4.4.0 Gl.2}$$

Das sei im folgenden immer der Fall. Für v_{mv} wird die aktuell gültige maximaleVorschubsgeschwindigkeit v_{mv_max} der Maschine eingesetzt, welche in der Regel bei den Maschinenparametern definiert ist. Damit ergibt sich für den maximalen Kollisionsschutzverfahrweg s_{k_max} der Wert:

$$s_{k\_max} = v_{mv\_max} \cdot T_k \qquad \text{4.4.0 Gl.3}$$

Für die Berechnung des Kollisionsschutzverfahrweges kann auch die tatsächliche Geschwindigkeit der Maschine benutzt werden. Diese kann jedoch vom Bediener zu jeder Zeit durch einen Override manipuliert werden. Die Maschine kann damit im aktuellen Verfahrschritt nachträglich schneller verfahren als zum Zeitpunkt der Berechnung angenommen wurde. Der von der Verfahrsimulation vorausgerechnete Weg ist damit nicht mehr ausreichend, um die Maschine im Falle einer Kollision mit Sicherheit rechtzeitig anzuhalten. Wird für die Berechnung die tatsächliche Geschwindigkeit der Maschine benutzt, muß ein möglicher maximaler Vorschuboverride o_{mv_max} berücksichtigt werden. Der Override-Bereich ist Maschinenabhängig und umfaßt gewöhnlich einen Bereich von 0 - 150%. Der zurückgelegte Weg ergibt sich damit zu:

$$s_k = v_{mv} \cdot o_{mv\_max} \cdot T_k \qquad \text{4.4.0 Gl.4}$$

Der Weg, den die Maschine in der Zeit von der erkannten Kollision bis zum Beginn des Bremsweges zurücklegt und der Bremsweg von der maximalen Maschinenverfahrgeschwindigkeit bis zum Stillstand der Maschine sind im Maschinenbremsweg s_{mb} berücksichtigt.

Der gesamte vorauszurechnende Weg hängt von den beiden Größen s_k und s_{mb}, sowie vom oben gewählten Bezugspunkt ab.

Der Kollisionsschutz muß mindestens das Wegstück vorausrechnen, das die Maschinenkomponenten in der Kollisionsschutzzykluszeit T_k maximal durchfahren und innerhalb dessen sie bei einer erkannten Kollision rechtzeitig angehalten werden können.

Dieses kombinierte Wegstück s_{sk_smb} hat die Länge:

$$s_{sk\_smb} = s_k + s_{mb} \qquad 4.4.0\ \text{Gl.5}$$

Da es nach den obigen Ausführungen sinnvoll ist, immer ab der aktuellen Istposition voauszurechnen, genügt für einen Betrieb ohne anhalten der Maschine das Wegstück s_{sk_smb} nicht. Es muß auf das Wegstück s_{sk_smb} noch die in einem Kollisionstestzyklus von der Maschine zurückgelegte Wegstrecke s_k hinzuaddiert werden. Die vom Kollisionsschutz vorauszurechnende Wegstrecke, der Kollisionsschutzvorschub, hat demnach die Länge:

$$s_{kv} = 2 \cdot s_k + s_{mb} \qquad 4.4.0\ \text{Gl.6}$$

Den in einem Rechenzyklus zu überprüfenden Bereich und den in dieser Zeit maximal von der Maschine zurückgelegten Weg veranschaulicht Bild 4.2.

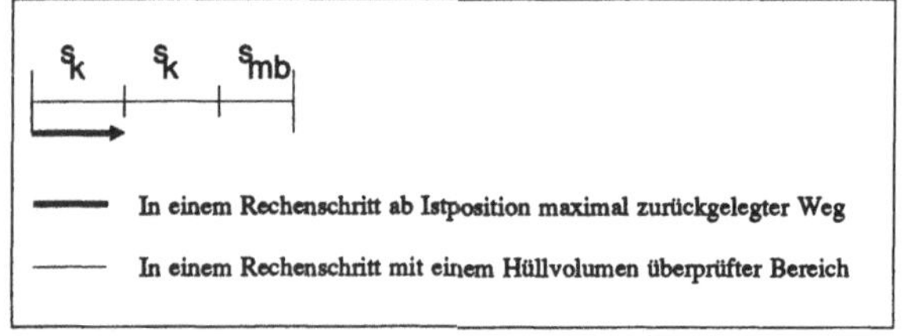

Bild 4.2: Hüllvolumen ab der Istposition.

Diese Herleitung ist auch gültig für die Definition des Schutzzonenmindestabstandes d_{sz_min}, der unabhängig vom jeweiligen Verfahrbefehl eine Maschinenkomponente für Verfahrbewegungen ab der Istposition schützt. In diesem Fall wird allerdings die durch die technologischen Grenzwerte der Maschine definierte maximale Vorschubgeschwindigkeit der Maschine v_{mv_max} als Geschwindigkeit eingesetzt. Es gilt:

$$d_{sz\_min} = 2 \cdot s_{kv\_max} + s_{mb} \qquad \text{4.4.0 Gl.7}$$

Die Vorschubrichtung wird aus dem Vektor vom Startpunkt zum Zielpunkt einer Verfahranweisung errechnet und ergibt den Richtungsvektor des Kollisionsschutzvorschubes:

$$\overrightarrow{s_{e\_kv}} = \frac{\overrightarrow{sp} - \overrightarrow{zp}}{|\overrightarrow{sp} - \overrightarrow{zp}|} \qquad \text{4.4.0 Gl.8}$$

Der Kollisionsschutzvorschubvektor erhält damit denWert:

$$\overrightarrow{s_{kv}} = s_{kv} \cdot \overrightarrow{s_{e\_kv}} \qquad \text{4.4.0 Gl.9}$$

Er dient als Grundlage für die Dimensionierung der Hüllvolumina und für die Aktualisierung des Werkstückes bei einer Bearbeitung.

4.5 Berechnung der Bewegungsinformationen

Anhand der von der Maschinensteuerung zur Verfügung gestellten Daten über die Bewegungsrichtung, eingestellter Vorschub und Laginformationen müssen im Simulationsmodell des Kollsionsschutzsystems die Bewegungen der Maschine vorausberechnet werden. Die dafür erforderlichen Berechnungen lassen sich in drei Gruppen einteilen:

- **Verfahrwegberechnung**
  Die Verfahrwegberechnung erstellt aus den Daten von der Maschine die Informationen für die Hüllvolumengenerierung und die Matrizen für die Transformationen im Simulationsmodell zur Bewegungssimulation. Dabei ist es erforderlich, durch eine Vorausinterpolation die Bewegungen der Maschine bereits vor deren Ausführung zu simulieren und diese Daten für den Kollisionstest zur Verfügung zu stellen.

- **Istpositionskorrektur**
  Die Verfahrwegberechnung interpoliert von der aktuellen Istposition der Maschine den Verfahrweg für eine Vorausberechnung im Kollisionsschutzsystem im Simulationsmodell voraus. Durch Ungenauigkeiten bei der Zahlendarstellung im Kollisionsschutzrechner ist jedoch eine genaue Übereinstimmung der Maschinenbewegung mit der Vorausinterpolierten Bahn im Simulationsmodell nicht zu erwarten. Daher ist über eine Istpositionskorrektur im Simulationsmodell eine Anpassung von Modell und Wirklichkeit notwendig. Beson-

dere Aspekte der Istpositinskorrektur sind bei einer Maschinenbewegung auf gekrümmten Bahnen zu beachten.

- **Pufferverwaltung**
  Durch die Vorausinterpolation im Simulationsmodell werden zusätzliche Daten mit einer nur temporären Gültigkeit erzeugt. Für diese Daten ist eine Verwaltungsinstanz erforderlich.

Die hier nur kurz angedeuteten Aufgaben bei der Bewegungssimulation im Kollisionsschutzsystem werden in den folgenden Kapiteln im Detail vorgestellt.

4.6 Verfahrwegberechnung

Die Verfahrwegberechnung kann nicht unabhängig von der Maschinensteuerung gesehen werden. Die unterschiedlichen Typen von Werkzeugmaschinen sind für verschiedene Fertigungsschritte konstruiert und haben einen darauf optimierten Bewegungsablauf. Die prinzipiellen Schritte für eine Bewegungssimulation sind jedoch immer die selben. Die im folgenden beschriebene Bewegungsimulation ist für die Bewegungen einer Drehmaschine ausgelegt und beschränkt sich auf die Simulierung von Bewegungen entlang von Geraden oder Kreisbahnen und für Werkzeugwechsel mit einem Werkzeugrevolver. Die Art der Bewegung wird der Maschinensteuerung vom einem Steuerprogramm oder über Bedienereingaben vorgegeben. In [44, 45, 46] ist der Aufbau von Steueranweisungen festgelegt und wird bei der Beschreibung der Bewegungssimulation benutzt.

Die Bewegungssimulation unterscheidet in der Art der Behandlung von Verfahrbewegungen drei verschiedene Gruppen:

Verfahren entlang einer Geraden

- G00: Positionieren im Eilgang. Eine Bearbeitung des Werkstücks ist nicht zulässig.
- G01: Geradlinige Bewegung. Eine Bearbeitung des Werkstücks ist zulässig.

Verfahren entlang einer Kreisbahn

- G02: Kreis im Uhrzeigersinn. Eine Bearbeitung des Werkstücks ist zulässig.
- G03: Kreis in Gegenuhrzeigersinn. Eine Bearbeitung des Werkstücks ist zulässig.

Werkzeugwechsel

- G92: Werkzeugwechsel. Durch eine Rotation des Werkzeugrevolvers wird ein neues Werkzeug in Bearbeitungsposition gebracht. Es wird als aktives Werkzeug bezeichnet.

Weitere Steuerbefehle, die keine unmittelbare Bewegung der Maschine auslöen, werden bereits in der Ablaufsteuerung behandelt (Kapitel 7).

4.6.1 Geradenverfahrbewegung

Die Geradenverfahrbewegung beinhaltet die Verfahrbewegung eines Werkzeugschlittens mit allen daran montierten Maschinenkomponenten auf einer geraden Verbindungsstrecke zwischen zwei Koordinatenpunkten. Sie wird als ein Verfahrsatz bezeichnet mit den Wegbedingungen G00 oder G01. Die Bewegung beginnt am Startpunkt *SP* und endet am Zielpunkt *ZP*. Startpunkt eines Verfahrsatzes ist immer der Zielpunkt des vorhergehenden Verfahrsatzes. Der Zielpunkt des Verfahrsatzes wird als Koordinate mit der Wegbedingung übergeben.

Die Aufgabe der Bewegungssimulation bei der Simulation einer geraden Verfahrbewegung ist die Berechnung der Informationen für die Generierung der Hüllvolumina der aktiven Werkzeuge, für die Transformation der Maschinenkomponenten mit Schutzzone und für die Werkstückaktualisierung im Simulationsmodell. Grundlage dafür ist zunächst die richtige Zerlegung des Verfahrsatzes in geeignete Wegstücke. Wie bereits in Kapitel 3.1 beschrieben, ist eine Aufteilung der Maschinenbewegung in kleine Wegstücke der Länge s_{kv} für eine Vorausinterpolation am besten geeignet. Es wird aus dem Kollisionsschutzvorschubvektor und der aktuellen Istposition der nächste Streckenabschnitt und das in ihm durchlaufene Hüllvolumen berechnet.

Behandlung des Satzanfanges

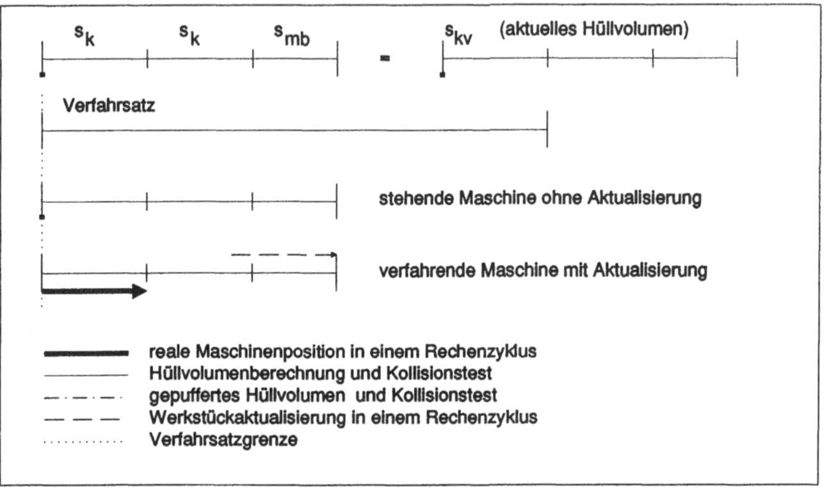

Bild 4.3: Legende zu den Symbolen der Ablaufpläne für die Verfahrschritte.

Zur Darstellung der Aufteilung eines Verfahrsatzes und zur Veranschaulichung des Ablaufes wird zunächst vom einfachsten Fall einer geradlinigen Bewegung mit einer Verfahrsatzlänge, die ein mehrfaches des Kollisionsschutzvorschubes beträgt, ausgegangen.

Bild 4.3 zeigt zunächst eine schematische Darstellung des Verfahrsatzes und der für den Kollisionsschutzvorschub maßgebenden Größen in einem frei gewählten aber festen Größenverhältnis. Die gestrichelte Linie symbolisiert dabei das Wegstück, das über den Startpunkt und den Zielpunkt eines Vektors an die Werkstückaktualisierung zur Berechnung der neuen Werkstückkontur übergeben wird. Die schmale durchgehende Linie steht für das durch den Kollisionsschutz definierte Hüllvolumen, das in diesem Zeitschritt berechnet und im Test auf Kollisionsfreiheit überprüft wird. Die breite durchgehende Linie beschreibt den Verfahrweg, den die Maschinenkomponente während dieses Zeitschrittes tatsächlich zurücklegt. Die strichpunktierte Linie steht für ein im Test noch benötigtes und schon berechnetes Hüllvolumen, das für den Kollisionstest noch im Speicher steht, aber in seiner Kontur und Position nicht mehr neu berechnet werden muß.

Die Maschine soll im fogenden zuerst an der Startposition eines Verfahrsatzes stehen und auf die Satzfreigabe warten (Bild 4.4). Der Kollisionsschutz aktualisiert im Zeitschritt ab dem

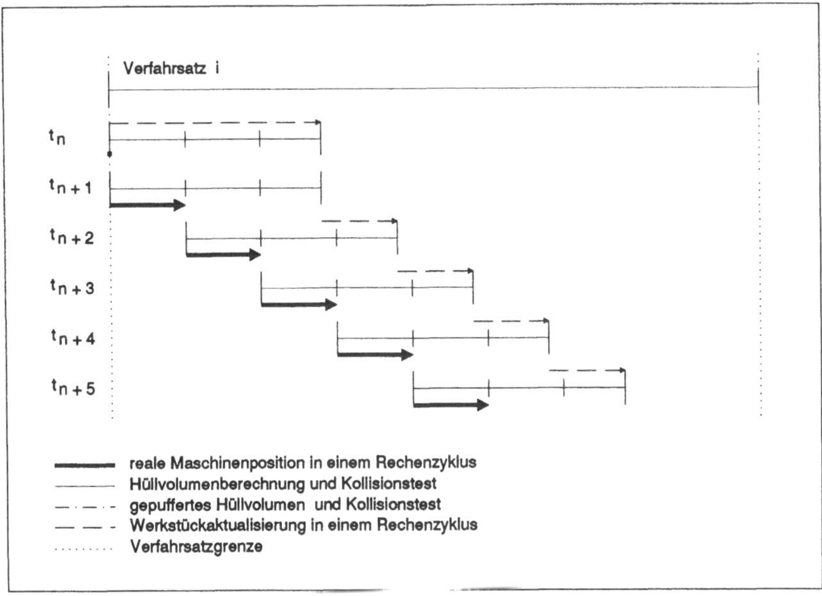

Bild 4.4: Verfahrschritte am Satzanfang (maximale Verfahrgeschwindigkeit).

Zeitpunkt t_n eine Kollisionsschutzvorschublänge voraus das Werkstück und berechnet das zu durchfahrende Hüllvolumen. Die Maschinenkomponenten mit Schutzzonen werden in jedem Schritt an der aktuellen Istposition, hier dem Startpunkt des Verfahrsatzes, getestet. Bei Kollisionsfreiheit wird der Satz freigegeben und die nächste Istposition gelesen. Die Istposition ist im nächsten Zeitschritt t_{n+1} noch einmal der Startpunkt, da die Maschine erst nach Ende des Kollisionstests die Freigabe bekommt und bei der anschliessenden Abfrage der Istposition noch an der gleichen Stelle steht. Das gleiche Hüllvolumen wird somit zum zweiten Mal erstellt und getestet, während die Maschine im ersten Verfahrschritt in diesem Volumen maximal den Kollisionsschutzverfahrweg s_k zurücklegen kann. Eine Aktualisierung erfolgt in diesem Schritt nicht, da kein neues Wegstück vorausaktualisiert werden muß. Zum Zeitpunkt t_{n+2} ist die Maschine um s_k verfahren und das neue Hüllvolumen beginnt an der erreichten Position. Das zu testende Wegstück für diesen Schritt reicht damit um die Strecke s_k über das vorhergehende Hüllvolumen hinaus. Die Aktualisierung erhält einen Vektor für das weitere Wegstück und das Hüllvolumen wird wieder ab der aktuellen Position geprüft. Im Bild sind für den Fall, daß die Maschine weiter mit maximaler Geschwindigkeit verfährt, die weiteren Verfahrschritte bis zum Zeitpunkt t_{n+5} dargestellt. In jedem Schritt sind der zurückgelegte Weg, das zu überprüfende Wegstück und das von der Aktualisierung zu bearbeitende Stück eingetragen.

Verfährt die Maschine nicht mit der maximal erlaubten Geschwindigkeit, so überdeckt sich das mehrfach getestete Stück des Hüllvolumens weiter. Steht die Maschine im Extremfall, z.B.

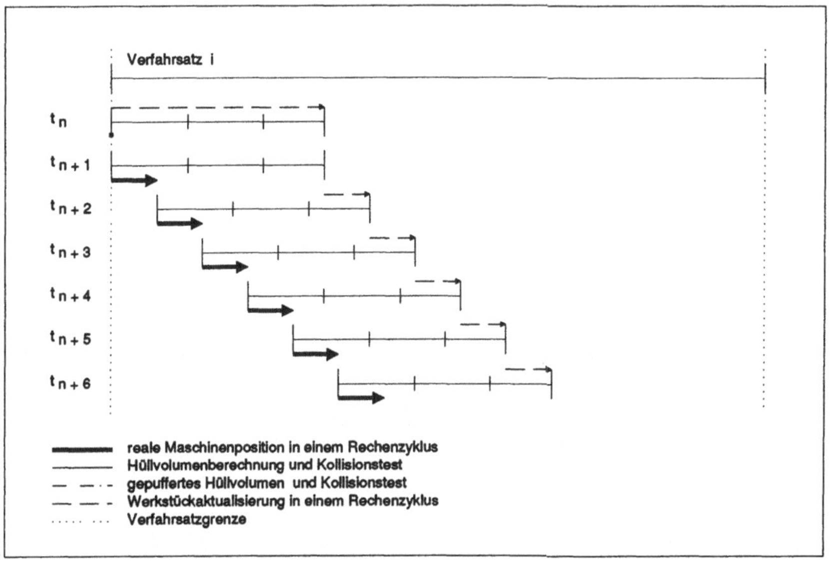

Bild 4.5: Verfahrschritte am Satzanfang (60% der maximalen Verfahrgeschwindigkeit).

bedingt durch einen Vorschuboverride, wird in jedem Zeitschritt das gleiche Volumen immer wieder getestet bis die Maschine anfährt oder der Satz abgebrochen wird.

Bild 4.5 zeigt den Ablauf für den Fall, daß die Maschine mit 60% der Geschwindigkeit verfährt, welche der Berechnung des Kollisionschutzvorschubs zugrunde lag. Dabei wird ein Teilstück sechsmal auf Kollision überprüft bis die Maschine das zum Zeitpunkt t_n geprüfte Hüllvolumen zum Zeitpunkt t_{n+5} verläßt.

Behandlung des Satzendes

Nähert sich die Maschine dem Zielpunkt des Verfahrsatzes, so ist ab einem bestimmten Zeitpunkt der Kollisionsschutzvorschub grösser als der Restweg von der Istposition bis zum Zielpunkt. Das Erreichen des Zielpunktes muß daher gesondert behandelt werden. Die Beschreibung der untersuchten Vorgehensweise bezieht sich dabei auf den Worst Case, daß der Kollisionsschutzvorschub das Ziel in einem Schritt gerade noch nicht erreicht, im nächsten Schritt aber entsprechend fast um die Strecke s_k darüber hinausreicht. Es bieten sich folgende drei Möglichkeiten für die Behandlung des Satzendes an:

- Einfacher Satzwechsel ohne zusätzliche Hüllvolumina,
- Satzwechsel bei gleichzeitiger Berechnung zweier Hüllvolumina und
- Satzwechsel unter Verwendung eines gepufferten Hüllvolumens.

Einfacher Satzwechsel

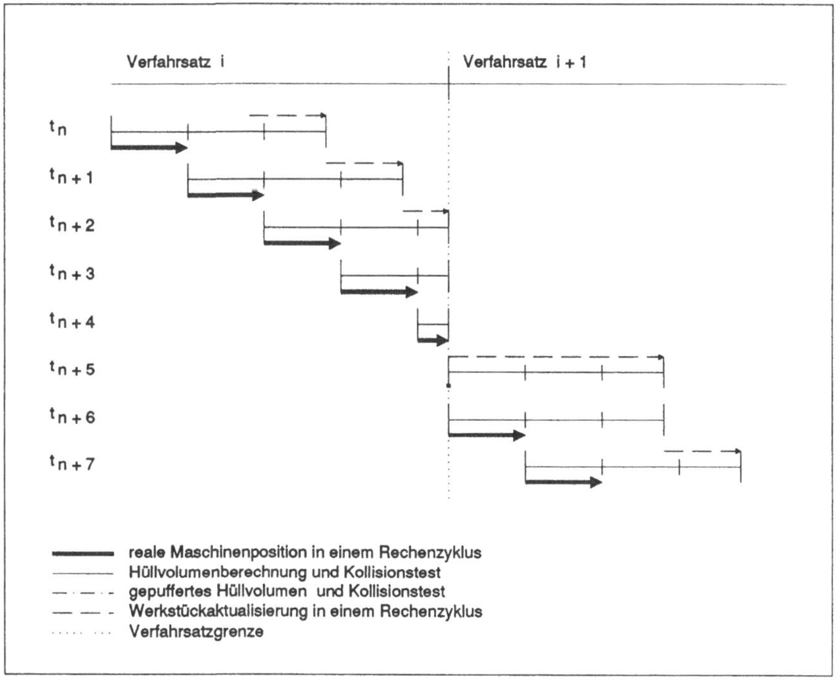

Bild 4.6: Verfahrschritte bei einem Satzwechsel ohne Verwendung von Puffern.

Bis zum Erreichen des Zielpunktes wird jeweils nur noch das Reststück von der Istposition bis zum Satzende überprüft, eine Aktualisierung entfällt. Ist der Zielpunkt erreicht, so wird der nächste Satz nach der selben Methode gestartet wie der erste. Dieser Fall ist in Bild 4.6 zu sehen.

Der Vorteil dieser Vorgehensweise ist, daß die Sätze sequentiell abgearbeitet werden und eine aufwendige Satzverwaltung entfällt. Da immer ab der Istposition gerechnet wird, kann eine unbemerkte Kollision mit dem zweiten Schlitten nicht auftreten und es muß immer nur ein Hüllvolumen berechnet und getestet werden. Vor jedem Satzwechsel wird die Maschine jedoch angehalten und ein negativer Einfluß auf die Werkstückoberfläche kann nicht ausgeschlossen werden.

Satzwechsel mit Berechnung zweier Hüllvolumina

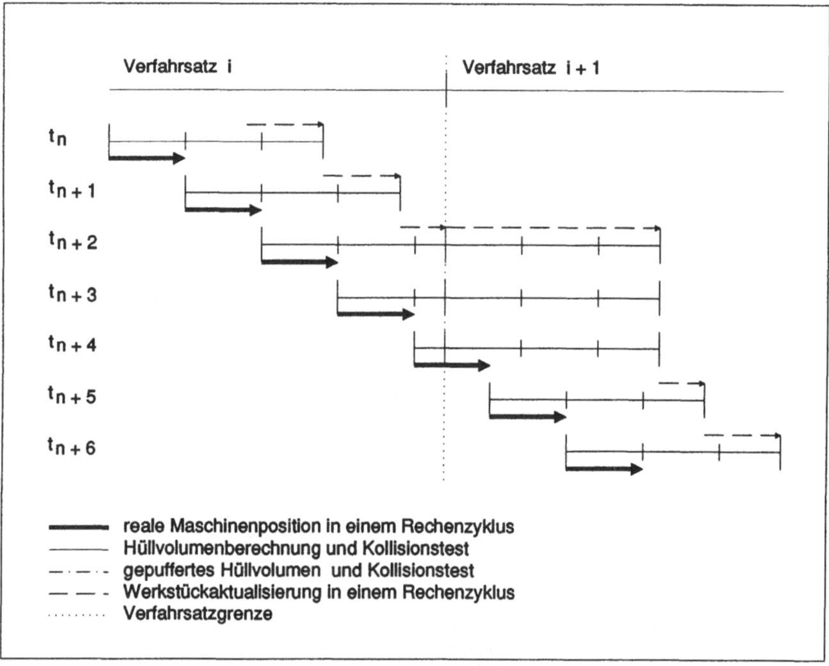

Bild 4.7: Satzwechsel mit gleichzeitiger Berechnung von zwei Hüllvolumen.

Erreicht die Maschine das Satzende, wird die Strecke bis zum Zielpunkt aktualisiert und überprüft. Zusätzlich wird der nächste Satz gelesen und sein erstes Verfahrstück wie am Satzanfang aktualisiert und überprüft. Beide Hüllvolumina werden erzeugt und geprüft bis die Maschine den Satzwechsel vollzogen hat. Die schematische Darstellung des Ablaufes zeigt Bild 4.7.

Durch die Berechnung des nächsten Hüllvolumens und der Vorausaktualisierung des Werkstükkes ist es möglich, daß die Maschine nicht auf die Satzfreigabe vom Kollisionsschutz warten muß. Sie kann ohne anzuhalten weiterbearbeiten. Ein Nachteil ist die längere Rechenzeit des Kollisionsschutzes, um in diesem Schritt die doppelte Zahl an Hüllvoluminas zu berechnen und gegen andere Geometrien zu testen. Auch der Speicherplatzbedarf erhöht sich und für die Speicherung der Hüllen und die Verarbeitung von zwei Verfahrsätzen muß eine Verwaltung eingeführt und mehr Zeit aufgewendet werden.

Satzwechsel mit gepuffertem Hüllvolumen:

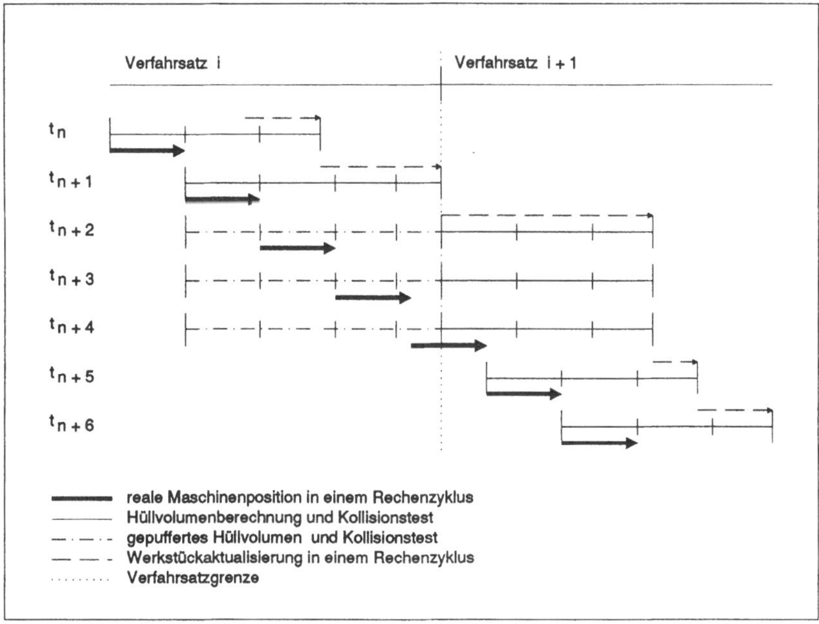

Bild 4.8: Satzwechsel unter Verwendung eines Puffers.

Die Bewegungssimulation überprüft in jedem Rechenzylus ob im darauffolgenden Schritt der Zielpunkt erreicht wird. Ist dies der Fall, so wird noch im selben Schritt ein maximal um s_k längeres Wegstück aktualisiert und eine um maximal s_k längere Hülle erzeugt, die bis zum Zielpunkt reicht. Die Hülle wird in diesem Schritt getestet und für den nächsten Schritt in einem Puffer abgelegt. Im nächsten Rechenschritt wird wie beim ersten Satzanfang das Werkstück um

s_{kv} für den neuen Satz vorausaktualisiert und eine Verfahrhülle für das Werkzeug gebildet. Anschliessend werden die Hülle für den neuen Verfahrsatz und die gepufferte Hülle des alten Verfahrsatzes auf Kollision gegen die kollisionsrelevante Umgebung getestet. Die gepufferte Hülle wird so lange in den Kollisionstest miteinbezogen, bis die Maschine den Satzwechsel vollzogen hat, das heißt, bis sich die reale Werkzeuggeometrie mit Bestimmtheit in dem neuen Hüllvolumen bewegt. In Bild 4.8 ist dieses Verfahren dargestellt.

t_n: Die Istposition zu Beginn des Verfahrschrittes ist noch mehr als $s_{kv} + s_k$ vom Zielpunkt des Satzes entfernt, es erfolgt ein Standardverfahrschritt.

t_{n+1}: Die Istposition ist weniger als $s_{kv} + s_k$ vom Zielpunkt entfernt. Im nächsten Schritt würde s_{kv} über das Ziel hinausreichen und müßte gekürzt werden. Der Restweg bis zum Zielpunkt wird daher zu einem Schritt zusammengefaßt und an die Aktualisierung wird der Weg vom Endpunkt des letzten Aktualisierungsschrittes bis zum Zielpunkt geschickt. Das erzeugte verlängerte Hüllvolumen wird getestet und in einem Puffer abgelegt. An die Ablaufsteuerung ergeht die Anforderung für einen neuen Verfahrsatz.

t_{n+2}: Das Hüllvolumen für den ersten Schritt im nächsten Verfahrsatz wird ab dem Zielpunkt des aktuellen Satzes gebildet und die Aktualisierung erhält den Vektor für den im Voraus zu aktualisierenden Abschnitt am Werkstück. Da sich die Maschine noch im vorhergehenden Satz befindet, werden das gepufferte und das neu berechnete Hüllvolumen auf Kollision getestet.

t_{n+3}: Die Maschine verfährt noch im gepufferten Volumen, das neu erzeugte Volumen ist identisch mit dem vorhergehenden, daher fällt keine Arbeit für die Aktualisierung an. Getestet werden wieder das gepufferte und das neu berechnete Hüllvolumen.

t_{n+4}: Die Maschine fährt zu Beginn dieses Schrittes noch im alten Hüllvolumen, gelangt aber in diesem Zeitschritt in den neuen Verfahrsatz. Die Berechnung erfolgt analog zum vorangegangenen Schritt.

t_{n+5}: Die Maschine befindet sich im neuen Satz, der Puffer wird ungültig. Die Aktualisierung erhält einen neuen Vektor und das Hüllvolumen wird ab der Istposition berechnet und anschließend getestet.

t_{n+6}: Der Verfahrschritt ist ein Standardverfahrschritt mit Aktualisierung, Hüllvolumenberechnung und Kollisionstest.

Für die Berechnung benötigt die Verfahrsimulation nicht mehr Zeit da immer nur ein Hüllvolumen berechnet wird. Die gepufferte Hülle braucht nur gegen bewegliche Maschinenkomponenten getestet zu werden, da unbewegliche Maschinenteile bereits mit diesem Hüllvolumen getestet wurden und nicht mehr kollidieren können. Der Kollisionsschutz bleibt der Maschine immer um einen Verfahrschritt voraus, so daß die Maschine beim Satzwechsel nicht gebremst wird. Ein Nachteil dieses Verfahrens ist der erhöhte Rechneaufwand für die Überprüfung von zwei Hüllvolumina auf Kollision. Auch sind die überprüften Hüllvolumina bei einem Satzwechsel in beiden Sätzen etwas größer als unbedingt notwendig. Für die Speicherung und Auswahl der zu testenden Hüllvolumina ist eine Pufferverwaltung erforderlich

Ein Vergleich dieser drei Verfahren zeigt, daß das erste wegen zu großer Beeinträchtigungen für den Betrieb der Maschine nicht geeignet ist. Bei den verbleibenden Möglichkeiten ist letztere für ein Kollisionsschutzsystem durch die geringere Rechenlast günstiger. Dieser Vorteil wird wegen der nicht in allen Bereichen minimalen Hüllvolumina durch eine größere Wahrscheinlichkeit für das Auftreten von Scheinkollisionen erkauft.

Behandlung von kurzen Sätzen

Bisher wurde immer davon ausgegangen, daß die Wegstrecken beim Verfahren der Maschine grösser sind als die vom Kollisionsschutz vorauszurechnende Länge des Kollisionsschutzvorschubes s_{kv}. Während des Betriebes sind jedoch auch kleinere Verfahrwegstrecken möglich und müssen von der Bewegungssimulation im Modell korrekt ausgeführt werden. Bei kleineren Satzlängen wird bereits in einem Rechenzyklus das Satzende erreicht und der Kollisionsschutz kann nicht so weit vorrausrechnen, wie es für einen sicheren Betrieb und ohne Behinderung der Maschine erforderlich ist. Eine Lösung dieses Problemes ist nur durch ein vorausrechnen über mehrere Sätze hinweg möglich. Die Folge davon ist, daß für die Speicherung der vorausberechneten Hüllvolumina Puffer notwendig werden und das oben gewählte Verfahren für die Verwendung mehrerer Puffer modifiziert werden muß.

Die Verwaltung und Dimensionierung dieser Puffer wird in Kapitel 4.8 erläutert. Die Veranschaulichung hier erfolgt mit der Zahl von drei Puffern, die sich später noch als die optimale Anzahl herausstellen wird. In dem Beispiel in Bild 4.9 folgen nach einem längeren Verfahrsatz i drei kurze Sätze $i+1$ bis $i+3$, die noch länger sind als der Kollisionsschutzverfahrweg s_k, aber schon kürzer als s_k mit anschließendem Maschinenbremsweg s_{mb}. Anschließend folgt wieder ein normaler Verfahrsatz mit der Nummer $i+4$. In den kurzen Sätzen erreicht der Kollisionsschutzvorschub nicht die definierte Mindestlänge s_{kvor}, sondern er wird durch die Verfahrsatzlänge begrenzt. Die Maschine kann trotzdem jederzeit rechtzeitig gestoppt werden, da im Falle einer erkannten Kollision die Satzfreigabe für den getesteten Satz nicht erteilt wird und die Maschine am Ende des im vorangegangenen Schritt getesteten Satzes anhalten muß, in welchem sie zu diesem Zeitpunkt noch verfährt.

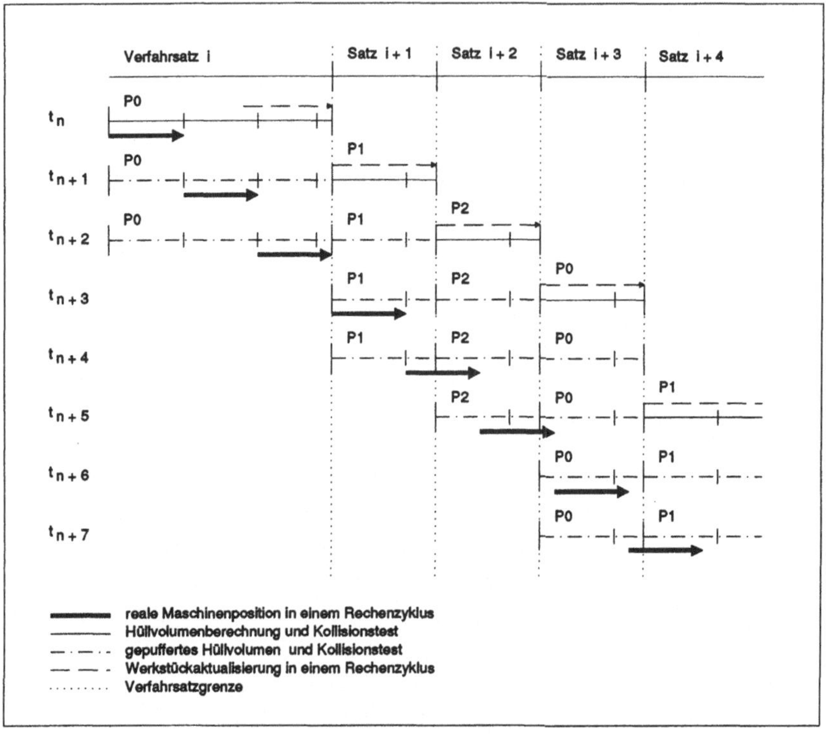

Bild 4.9: Verfahrschritte bei mehrfachem Satzwechsel in kurzen Verfahrsätzen.

t_n: Die Bewegungssimulation kommt in einem längeren Verfahrsatz am Satzende an und erkennt in diesem Schritt, daß das Satzende mit einem erweiterten Schritt erreicht werden kann. Der Vektor vom vorhergehenden Aktualisierungsschritt bis zum Satzende wird an die Aktualisierung übergeben. Die neu berechnete längere Verfahrhülle ist im aktuellen Puffer *P0* abgelegt und ein neuer Satz angefordert.

t_{n+1}: Die Maschine verfährt im Satz *i*, der Puffer *P0* bleibt damit gültig, für den neuen Satz *i+1* muß der Zeiger auf den Puffer *P1* gerichtet werden. Die Bewegungssimulation erkennt, daß im neuen Satz das Satzende sofort erreicht wird und gibt den Vektor für den ganzen Verfahrsatz an die Werkstückaktualisierung weiter. Die Verschiebehülle für das aktive Werkzeug wird im Puffer

P1 abgelegt und beide Puffer werden für den Kollisionstest verwendet. Für die weiteren Berechnungen ist ein neuer Satz erforderlich.

t_{n+2}: Die Maschine verfährt im Satz *i*, die Puffer *P0* und *P1* sind damit weiterhin gültig und der Pufferzeiger für das neue Hüllvolumen wird auf den Puffer *P2* gerichtet. Die Verfahrsimulation erkennt wieder sofort das Satzende und übergibt den Verfahrvektor an die Aktualisierung, die neue Hülle wird im Puffer *P2* abgelegt und alle drei Puffer werden auf Kollision getestet. Dann wird wiederum ein neuer Satz angefordert.

t_{n+3}: Die Maschine hat den in den Verfahrsatz *i+1* gewechselt, der Puffer *P0* wird dadurch wieder frei, die Puffer *P1* und *P2* bleiben gültig. Da ein neuer Puffer notwendig ist wird der Zeiger auf *P0* umgestellt. Die Bewegungssimulation erkennt das Satzende und übergibt das neue Wegstück an die Aktualisierung. Die neue Hülle wird im Puffer *P0* abgelegt und alle drei Puffer werden getestet. Ein neuer Satz wird angefordert.

t_{n+4}: Die Maschine verfährt zu Beginn dieses Berechnungszykluses noch im Satz *i + 1*, die Puffer *P1*, *P2* sind noch belegt. Da kein freier Puffer zur Verfügung steht, werden nur die gepufferten Hüllen getestet und die Verfahrinformationen für den neuen Satz *i + 4* noch nicht verwertet.

t_{n+5}: Die Maschine hat den Satzwechsel vollzogen und verfährt zu Beginn des Rechenschrittes im Satz *i + 2*, damit ist der Puffer *P1* wieder frei für ein neues Hüllvolumen. Der Zeiger wird auf den Puffer *P1* umgestellt und der Kollisionsschutzvorschub berechnet. Da es sich beim Satz *i+4* um einen langen Verfahrsatz handelt, wird kein Satzende erkannt und das ganze Wegstück an die Aktualisierung übergeben. Das berechnete Hüllvolumen wird im Puffer *P1* abgelegt und alle drei Puffer werden getestet. Da das Satzende von der Bewegungssimulation nicht erreicht wird, erfolgt keine weitere Satzanforderung.

t_{n+6}: Die Maschine hat einen Satzwechsel durchgeführt und verfährt im Satz *i + 3*, dadurch wird der Puffer *P2* frei. Im aktuellen Satz der Verfahrsimulation wird wieder dasselbe Hüllvolumen errechnet, die Aktualisierung erhält keine neuen Daten. Das aktuelle Hüllvolumen kommt in den Puffer *P1*, die beiden Puffer *P0* und *P1* werden getestet.

t_{n+7}: Alle Zustände bleiben wie am Ende des Rechenschrittes t_{n+6}, das aktuelle Hüllvolumen kommt in Puffer *P1*. Die Hüllen in *P0* und *P1* werden dem Test zugeführt. Erst im nächsten Schritt wird dann der Puffer *P0* ungültig und die Verfahrsimulation rechnet wieder im aktuellen Satz der Maschine voraus.

4.6.2 Bewegung auf nicht geraden Bahnen

Bei der Simulation von Maschinenbewegungen auf gekrümmten Bahnen ergibt sich für Drehmaschinen eine Vereinfachung, da sich die Werkzeugschlitten normalerweise nur in einer Ebene, der X-Z-Ebene, bewegen. Die Behandlung der Verfahrbefehle und das Vorrausrechnen der neuen Positionen kann daher im Zweidimensionalen erfolgen.

Kriterien der Bogenpolygonalisierung

Dem Kollisionsschutzsystem liegt für die Simulation ein Polyedermodell zugrunde. Die Abbildung der realen Maschinenkomponenten in das Simulationsmodell wird durch ebene Flächensegmente angenähert. Da vom Kollisionsschutz berechnete Hüllvolumina aus diesem Grunde nur geradlinige Streckenabschnitte beschreiben können und auch bei der Aktualisierung des Werkstückes nur ebene Flächensegmente erzeugt werden dürfen, ist eine Approximation des Kreisbogens für eine Kurvenverfahrbewegung durch gerade Segmente erforderlich.

Als Rahmenparameter für die Anzahl der Stützpunkte bei der Bogenpoligonalisierung steht einerseits die Genauigkeit der Annäherung des Simulationsmodelles an die realen Formen, andererseits der Rechenaufwand im Kollisionsschutzsystem durch eine sehr genaue Modelldarstellung mit sehr vielen Flächensegmenten.

Es sind zwei verschiedene Verfahren für die Aufteilung des Kreisbogens denkbar:

- Das nächste Bogensegment wird jeweils von der aktuellen Istposition aus berechnet, oder
- der ganze zu bearbeitende Kreisbogen wird im voraus in gleiche Teilsegmente aufgeteilt.

Bogensegment ab Istposition

Für diese Aufteilung wird aus dem Kreisradius und dem Kollisionsschutzvorschub die Winkelgröße berechnet, mit der sich eine Segmentlänge ergibt, die dem Kollisionsschutzvorsschub entspricht (Bild 4.10):

$$\alpha = 2 \cdot \arccos \frac{s_k}{(2 \cdot r)} \qquad \text{4.6.2 Gl.1}$$

Aus dem berechneten Winkel wird eine Rotationsmatrix gebildet,die den Startpunkt jeweils um diesen Winkel auf der Kreisbahn verschiebt. Die Matrix lautet nach [7] für eine Drehung im Uhrzeigersinn:

$$M_U = \begin{vmatrix} \cos\alpha & \sin\alpha \\ -\sin\beta & \cos\alpha \end{vmatrix} \qquad 4.6.2 \text{ Gl.2}$$

Für eine Drehung im Gegenuhrzeigersinn lautet sie entsprechend:

$$M_U = \begin{vmatrix} \cos\alpha & -\sin\alpha \\ \sin\beta & \cos\alpha \end{vmatrix} \qquad 4.6.2 \text{ Gl.3}$$

Für die Berechnung des Zielpunktes eines Verfahrschrittes ist der jeweilige Startpunkt mit dem Vektor auf den Kreismittlepunkt $\overrightarrow{mp}$ in eine Position für eine Rotation um den Koordionatenursprung zu transformieren. Nach der Rotation mit der Matrix wird der errechnete Punkt wieder in seine Ausganslage bezüglich des Kreismittelpunktes zurücktransformiert. Liegt der so errechnete Zielpunkt hinter dem Zielpunkt des Satzes, so handelt es sich um einen kurzen Satz für die Verfahrsimulation, und der Bogen vom Startpunkt zum Zielpunkt der Verfahrbewegung kann durch eine direkte Verbindung ersetzt werden. Liegt der errechnete Punkt noch vor dem Zielpunkt des Satzes, so wird er als Zielpunkt für den ersten Verfahrschritt verwendet. Die direkte Verbindungsstrecke zwischen dem Startpunkt und dem Zielpunkt des Verfahrschrittes wird als Grundlage für die Aktualisierung des Werkstükkes verwendet. Im nächsten Verfahrschritt wird ab der erreichten Istposition der Istpunkt auf der Kreisbahn wieder mit der berechneten Matrix rotiert und der so erhaltene Punkt als Zielpunkt des zweiten Schrittes verwendet, sofern nicht schon vorher der Zielpunkt des Verfahrsatzes erreicht wird. In Bild 4.11 ist ein Kreisbogen gezeigt, der nach diesem Verfahren mit fünf Segmenten aufgeteilt wurde. Dabei entspricht bei einer Bearbeitung an einem Werkstück der Kreisbogen der realen Werkstückkontur. Die innerste durch Geradensegmente begrenzte Kontur beschreibt das Werkstück wie es im Modell berechnet

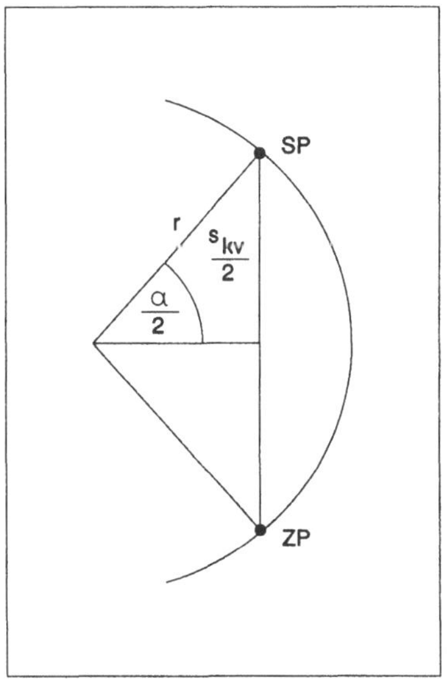

Bild 4.10: Segmentwinkel α bei fester Segmentlänge s_{kv}.

wird. Das Vorrausrechnen um ein erweitertes Segment zur Erkennung der Erreichbarkeit des Ziels kann dabei analog zu der Vorgehensweise beim Geradenverfahren schon im ersten Schritt erfolgen.

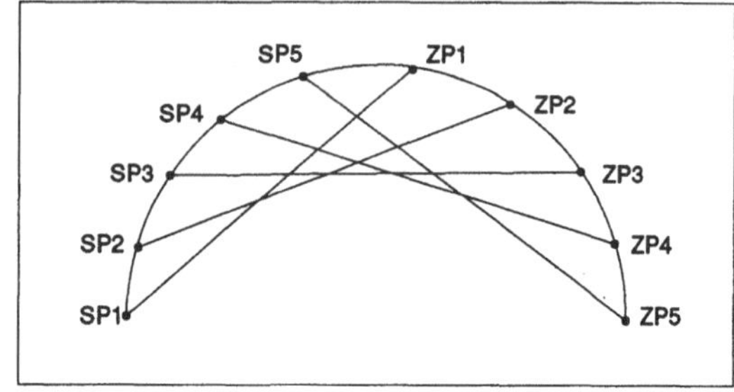

Bild 4.11: Bogenaufteilung bei Segmentbildung ab der Istposition.

Die Werkstückaktualisierung darf bei diesem Verfahren für die Aktualisierung nicht das Wegstück vom vorhergehenden Zielpunkt der Verfahrsimulation zum aktuellen Zielpunkt erhalten, da sich dabei die Verfahrhülle des aktiven Werkzeugs mit dem Werkstück im Simulationsmodell überschneidet und der Kollisionstest mit einer Kollisionsmeldung die Maschine stoppt. Daher muß der Aktualisierung für die Werkstückbearbeitung das Wegstück übergeben werden, das der aktuellen Hülle entspricht und sich mit bisher berechneten Wegstücken überlappen kann.

Mit Hilfe dieses Verfahrens ist eine Behandlung von Kreisbahnen auf die gleiche Weise wie bei geraden Bahnen möglich. Die neuen Hüllvolumina sind gegenüber den vorhergehenden nicht verschoben, sondern um den Kreismittelpunkt des bearbeiteten Bogens gedreht. Die Bewegungssimulation rechnet im aktuellen Satz immer ab der Istposition und liegt damit dem realen Verfahrweg sehr nahe. Nachteilig wirkt sich die Überschneidung der Wegstücke, die an die Werkstückaktualisierung übergeben werden, auf die Kontur des Werkstückes aus. In der Werkstückkontur entsteht pro Verfahrschritt mit einer neuen Istposition ein neuer Stützpunkt für die Kontur. Verfährt die Maschine im Vergleich zum Kollisionsschutzvorschub sehr langsam, so entsteht eine nicht vorhersehbare Anzahl von Punkten auf der Werkstückkontur. Diese Punkte erzeugen entsprechend dem Polygonalisierungsgrad Flächen bei der Abbildung des dreidimensionalen Werkstückmodells aus der zweidimensionalen Kontur des Werkstückes für den Kollisionstest. Ein weiterer Nachteil ist die ungenaue Darstellung der Werkstückkontur im Simulationsmodell. Bei der Bearbeitung von Aussenradien ist die berechnete Werkstückform kleiner als die reale Kontur, bei der Bearbeitung von Innenradien ist sie entsprechend grösser als die reale Kontur. Zudem ist die Länge der entstandenen Segmente an der berechneten Werkstückkontur sehr ungleichmäßig. Ist der Kollisionsschutzvorschubvektor sehr groß im Vergleich zum Kreisradius, wird ein Radius in der realen Werkstückkontur durch eine gerade Strecke im berechneten Werkstück des Simulationsmodells ersetzt.

Dieses Verfahren ist mit seiner engen Anlehnung an die für die Geradenverfahrbewegung gewählte Methode zwar in der Bewegungssimulation einfach zu behandeln, liefert aber mangelhafte Ergebnisse für die Aktualisierung und den Kollisionstest. Vor allem die nicht kontrollierbare Flächenanzahl im Werkstückmodell stellt für die Echtzeitbearbeitung des Kollisionstests ein grosses Risiko dar.

Feste Kreisbogensegmente

Um die Segmentanzahl minimal zu halten scheint eine feste Aufteilung der Stützpunkte sinnvoll, da hier die Aufteilung vorab erfolgen kann. Dabei kann ein Kreisbogen in gleich große Segmente aufgeteilt werden, wobei durch eine Optimierung der Segmente auf eine maximale Länge die minimal notwendige Anzahl der Segmente erreicht werden kann.

Für eine optimale Werkstückkontur mit wenigen Segmenten und ausreichender Genauigkeit bietet sich als Maßstab für die Aufteilung die maximale Abweichung der errechneten Werkstückkontur von der realen Werkstückkontur an. Um diese maximale Abweichung bestmöglich zu verteilen, wird die Abweichung von der realen Kontur in Plus- und Minusrichtung zu gleichen Teilen vorgenommen. Um Sprünge in der Kontur des Werkstückmodells zu vermeiden, muß die Kontur am Satzanfang und am Satzende mit der realen Kontur übereinstimmen Bild 4.12.

Dazu wird in Abhängikeit von der maximal erlaubten Abweichung ε der größtmögliche Winkel für ein Segment berechnet. Es zeigt sich, daß die Randsegmente etwas kleiner werden als die inneren Segmente, da am Startpunkt und am Zielpunkt keine Abweichung von der realen Werkstückkontur erlaubt ist. Ein Innensegment wird aus zwei Teilsegmenten mit dem Innenwinkel β, ein Randsegment aus einem Teilsegment mit dem kleineren Innenwinkel α und einem Teilsegment mit dem Innenwinkel β gebildet Bild 4.13.

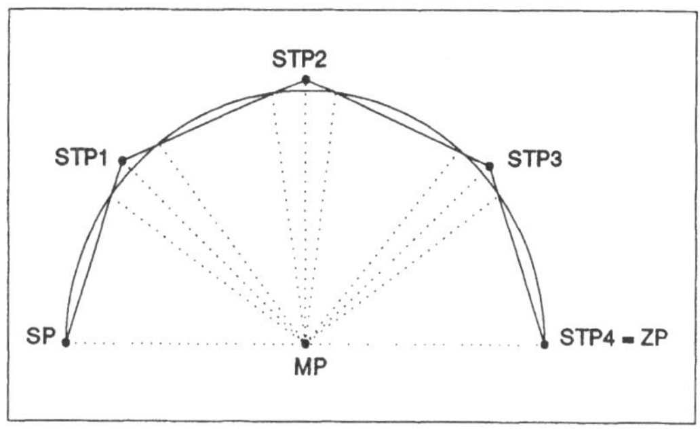

Bild 4.12: Feste Segmentaufteilung mit verkleinerten Randsegmenten bei gleichgroßer Abweichung auf beiden Seiten des Kreisbogens.

Der maximale Winkel für ein Teilsegment α ergibt sich zu:

$$\alpha_{max} = \arccos \frac{r - \varepsilon}{r} \qquad \text{4.6.2 Gl.4}$$

Der maximale Winkel für ein Teilsegment β *wird zu:*

$$\beta_{max} = \arccos \frac{r - \varepsilon}{r + \varepsilon} \qquad \text{4.6.2 Gl.5}$$

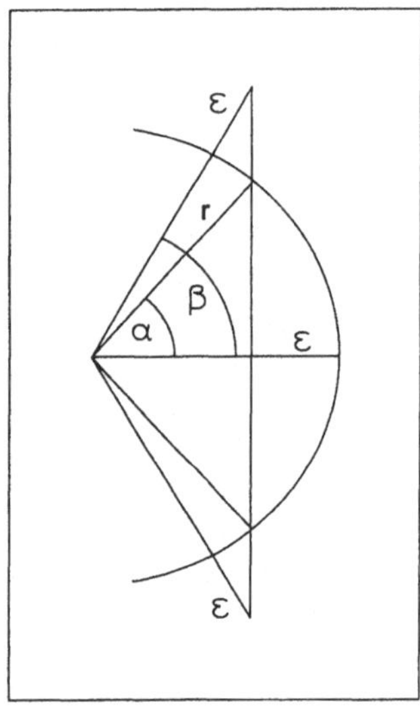

Bild 4.13: Aufteilung in zwei Segmentgrößen.

Der gesamte Segmentwinkel des Kurvenverfahrsatzes errechnet sich aus Startpunkt, Zielpunkt und Mittelpunkt des Satzes. Die Vektoren vom Mittelpunkt zum Startpunkt und vom Mittelpunkt zum Zielpunkt errechnen sich zu:

$$\overrightarrow{mpsp} = \overrightarrow{sp} - \overrightarrow{mp} \qquad \text{4.6.2 Gl.6}$$

und:

$$\overrightarrow{mpzp} = \overrightarrow{zp} - \overrightarrow{mp} \qquad \text{4.6.2 Gl.7}$$

Der Segmentwinkel des ganzen Satzes ist gleich dem Winkel zwischen diesen beiden Differenzvektoren. Das Skalarprodukt zweier Vektoren ist gleich dem Produkt der Beträge der Vektoren multipliziert mit dem Cosinus des Zwischenwinkels. Setzt man dieses Produkt gleich dem komponentenweise gebildeten Skalarprodukt, so kann man die Gleichung nach dem Zwischenwinkel auflösen und erhält:

$$\gamma = \arccos \frac{\overrightarrow{mpsp} \cdot \overrightarrow{mpzp}}{|\overrightarrow{mpsp}| \cdot |\overrightarrow{mpzp}|} \qquad \text{4.6.2 Gl.8}$$

Ist γ kleiner oder gleich dem Winkel, der durch zwei Segmente mit dem Winkel α gebildet wird, so kann der Kurvenverfahrsatz durch ein gerades Segment ersetzt werden und eine weitere Aufteilung ist hinfällig. Ist aber größer als $2 \cdot \alpha$,so muß die Anzahl der Segmente explizit berechnet werden. Da mindestens zwei Randsegmente plus n Innensegmente entstehen wird die Mindestanzahl n_{min} für die Zahl der Innensegmente n durch folgende Ungleichung beschrieben:

$$\gamma \leq 2 \cdot (\alpha_{max} + \beta_{max}) + 2 \cdot n_{min} \cdot \beta_{max} \qquad 4.6.2\ Gl.9$$

Die Untergrenze n_{min} wird damit zu:

$$n_{min} \geq \frac{\gamma - 2 \cdot (\alpha_{max} + \beta_{max})}{2 \cdot \beta_{max}} \qquad 4.6.2\ Gl.10$$

Erhält man für n_{min} einen Wert kleiner oder gleich 0, so kommt die Verfahrsimulation mit einer Aufteilung in zwei Segmente aus, die dann jeweils einen Winkel von $\gamma/2$ beinhalten. Ist n größer als 0, so muß n_{min} für gebrochen rationale Werte zunächst auf die nächst größere Zahl n aufgerundet werden. Der Wert n ist die Grundlage für die Neuaufteilung in $n + 2$ Segmente. Eine optimale Verteilung auf gleich große Segmente mit Randsegmenten die den Gesamtwinkel $\alpha_{max} + \beta_{max}$ nicht überschreiten ist nur durch ein iteratives Näherungsverfahren möglich, das die Segmenteanzahl nicht mehr verändert. Durch die Aufrundung von n werden die Segmente verkleinert. Es werden zunächst die größeren Teilsegmente mit dem Winkel β bei unverändertem α neu berechnet:

$$\alpha = \alpha_{max}$$

$$\beta = \frac{\gamma - 2 \cdot \alpha_{max}}{2 \cdot (n + 1)} \qquad 4.6.2\ Gl.11$$

Erreicht das berechnete β einen Wert kleiner α_{max}, so wird α_{neu} durch das berechnete β ersetzt und in einem neuen Iterationsschritt ein zweites β_{neu} berechnet:

$$\alpha_{neu} = \beta \qquad 4.6.2\ Gl.12$$

$$\beta_{neu} = \frac{\gamma - (2 \cdot \alpha)}{2 \cdot (n + 1)} \qquad 4.6.2\ Gl.13$$

Auf eine weitere Iteration um die Aufteilung weiter zu optimieren kann wegen des zu geringen Zugewinnes für die Aufteilung verzichtet werden. Die tolerierbare Abweichung von ε wird schon vorher eingehalten und die Differenz in den Segmentlängen wird nur unwesentlich verbessert. Ist der Wert von β gößer als α, so kann nach dem ersten Schritt abgebrochen werden.

Aus den berechneten Werten für α und β werden die Winkel φ für die Innensegmente und die Winkel ψ für die Randsegmente berechnet:

$$\varphi = 2 \cdot \beta \qquad 4.6.2\ Gl.14$$

$$\psi = \alpha + \beta \qquad 4.6.2\ Gl.15$$

Aus diesen Segmentwinkeln werden die Drehmatrizen für die Segmente gebildet. Für eine Drehung im Uhrzeigersinn um den Winkel φ lautet die Matrix:

$$\boldsymbol{M}_{\varphi} = \begin{vmatrix} \cos\varphi & \sin\varphi \\ -\sin\varphi & \cos\varphi \end{vmatrix} \qquad \text{4.6.2 Gl.16}$$

Die Matrix für die Drehung um den Winkel ψ hat dieselbe Form und in den Matrizen für die Drehung um den Gegenuhrzeigersinn wechseln lediglich die Sinusfunktionen das Vorzeichen. Mit Hilfe dieser Matrizen werden die Stützpunkte für die Segmenteinteilung berechnet. Für einen minimalen Fehler bei der Aufteilung des Kreisbogens ist es sinnvoll, vom Startpunkt und vom Zielpunkt je den halben Bogen aufzuteilen.

Die maximale Anzahl der Stützpunkte ist von der Wahl der erlaubten Abweichung ε vom exakten Verfahrweg abhängig. Die oberen Grenzen von Segmentwinkel und Radius sind nicht veränderbare Maschinenkonstanten. Die Berechnung kann über die Gleichungen durchgeführt werden, mit denen auch die aktuellen Segmentzahlen berechnet werden.

Da die Aufteilung in Segmente bei diesem Verfahren nach Kriterien der Werkstückgenerierung und des Kollisionstests erfolgt, sind die Segmentlängen nicht am Kollisionsschutzvorschub orientiert. Die Segmente können daher auch erheblich kürzer sein als der Kollisionsschutzvorschub, was Probleme beim Vorrausrechnen mit sich bringt. Bei den Geradenverfahrbewegungen ist es noch möglich, die Maschine dadurch zu bremsen, daß die Satzfreigabe für den nächsten Satz nicht erfolgt, so lange der Kollisionsschutz nicht weit genug vorausgerechnet hat. Da die Zerlegung des Kreisbogens in gerade Segmentstücke und damit die Aufteilung in viele Geradenverfahrsätze auf der Seite des Kollisionsschutzes stattfindet, ist dies der Maschine nicht bekannt. Sie wartet zwischen den einzelnen Teilsätzen nicht auf eine Satzfreigabe, sondern fährt in diesem Satz ohne Stop durch, wenn die Freigabe für die Kurvenverfahrbewegung einmal erfolgt ist. Es ist möglich, daß die Kollisionsberechnungen wegen der zu kleinen Verfahrschritte der Simulation durch die berechneten Segmentlängen der höheren Verfahrgeschwindigkeit der Maschine nicht folgen können. In diesem Fall kann ein sicherer Kollisionsschutz nur durch die Anpassung der Verfahrgeschwindigkeit der Maschine an die berechnete minimale Segmentlänge gewährleistet werden.

Die Maschine muß im Falle einer errechneten bevorstehenden Kollision immer im vorhergehenden noch als kollisionsfrei berechneten Verfahrstück gestoppt werden können. Das erfordert für ein Segment die Länge des maximal möglichen Verfahrweges s_k in dem die Maschine verfahren kann plus den maximalen Bremsweg s_{mb} in dem die Maschine spätestens anhalten kann, wenn für das folgende Segment eine Kollision errechnet wurde. Der maximale Vorschub der Maschine ist so zu begrenzen, daß die Summe aus Kollisionsschutzverfahrweg und Maschinenbremsweg s_{sk_smb} kleiner oder gleich der minimalen Segmentlänge wird:

$$s_{sk\_smb\_max} \leq s_{seg\_min} \qquad \text{4.6.2 Gl.17}$$

Damit ergibt sich für den erlaubte Maschinenvorschub die Bedingung:

$$v_{mv\_max} \leq \frac{s_{seg\_min} - s_{mb\_max}}{T_k} \qquad \text{4.6.2 Gl.18}$$

Die zur Berechnung notwendige minimale Segmentlänge berechnet sich bei zwei Segmenten aus dem Abstand von Startpunkt *SP* und Stützpunkt *STP* zu:

$$s_{seg\_min} = |\vec{stp} - \vec{sp}| \qquad \text{4.6.2 Gl.19}$$

Bei mehr als zwei Segmenten muß entsprechend ein Randsegment mit einem Innensegment verglichen und das kürzere von beiden Segmenten verwendet werden. Als Vergleichssegment für das Randsegment dient das Segment vom ersten zum zweiten Stützpunkt.

$$s_{seg\_min} = \min\left(|\vec{stp}1 - \vec{sp}|\,,\ |\vec{stp}2 - \vec{sp}|\right) \qquad \text{4.6.2 Gl.20}$$

Da dieser Angleich der Verfahrgeschwindigkeit nicht erst zur Laufzeit des Satzes erfolgt und die Segmentierung des Kurvensatzes vorab erfolgen kann, können diese Aufgaben bereits in der Satzaufbereitung der Ablaufsteuerung erledigt werden. Die Bewegungsimulation erhält bei einer Satzanforderung alle bereits berechneten Stützpunkte übergeben.

Sind die berechneten Kreissegmente länger als der Kollisionsschutzvorschub, werden in diesem Segment eventuell mehrere Schritte gefahren bis ein Segmentwechsel stattfindet. Da die Hüllvolumina aber in diesem Fall ab der Istposition berechnet werden, muß die Istposition für die Hüllenbildung zum Test der Hülle gegen das Werkstück korrigiert werden. Die Positionsmeldungen von der Maschine beziehen sich auf die Maschinenposition entlang der Kurvenbahn, der Kollisionsschutz rechnet jedoch auf Geradensegmenten. Um Kollisionsmeldungen zu vermeiden, die auf diesen Abweichungen beruhen, muß die Position der Hülle an die berechnete Werkstückkontur angepaßt werden. Die hierfür notwendigen Berechnungen und die Kontrolle, in welchem von den berechneten Segmenten die Maschine verfährt, wird von der Istpositionskorrektur vorgenommen. Alle Positionsmeldungen an die Verfahrwegberechnung werden zuvor dort überprüft und korrigiert. Der Aufbau der Istpositionskorrektur wird in Kapitel 4.7 erläutert.

Das Verfahren zur Aufteilung von Kreisbögen in feste Segmente bietet den Vorteil, daß die Werkstückkontur im Modell mit einer definierten Toleranz gegenüber dem realen Werkstück generiert und die Kontur eines Kreisbogens mit einer für die gegebene Toleranz minimalen Anzahl von Segmenten dargestellt wird. Durch die minimale Segmentanzahl ensteht auch ein Minimum an zu testenden Flächen für den Kollisionstest. Bei einem ungünstigen Verhältnis von Kollisionsschutzvorschub und Segmentlänge kann jedoch der Fall eintreten, daß die Maschine vom Kollisionsschutzsystem gebremst werden muß. Eine hundertprozentige Gewährleistung für die berechnete Kollisionsfreiheit beim Test der aktiven Werkzeuge gegeneinander kann mit keinem der Verfahren gegeben werden, da bei der begrenzten Annäherung des Kreisbogens durch Geradensegente die daraus resultierenden Hüllvolumina mit dem tatsächlich durchfahrenen Volumen der Werkzeuge nie exakt übereinstimmen können. Genausowenig können daher Scheinkollisionen mit Sicherheit ausgeschlossen werden.

Aufgrund der besseren Approximation der Werkstückkontur und der geringeren Flächenanzahl zur Darstellung des Werkstückes im Modell wird dem Verfahren zur Aufteilung in feste Segmente der Vorzug gegeben.

4.6.3 Werkzeugwechsel

Bei einer Rotation des Werkzeugrevolvers müssen im Simulationsmodell alle Maschinenkomponenten die fest mit dem Werkzeugrevolver verbunden sind über eine Transformation aus der Ruhelage in die neue Lage abgebildet werden. Um eine Addition von Rechenfehlern und damit eine Verfälschung des Simulationsmodells zu vermeiden, ist es sinnvoll, alle Transformationen für die Bewegungssimulation aus einer festen Ruhelage durchzuführen. Die Rotationsmatrix wird abhängig von der neuen Lage errechnet und die einzelnen Maschinenkomponenten im Simulationsmodell werden damit transformiert.

Für die Kollisionsberechnung bei einem Werkzeugwechsel existiert ein eigenes rotationssymmetrisches Testvolumen, die Rotationstonne. Eine Rotation der Rotationstonne bei einem Werkzeugwechsel ist Aufgrund ihrer Rotationsymmetrie nicht erforderlich. Sie kann für den Test der Kollisionsfreiheit bei einem Werkzeugwechsel gegenüber der Umgebung eingesetzt werden. Somit kann auch bei einer Anweisung zu einem Werkzeugwechsel der Kollisionsschutz der Maschine vorausrechnen und es ergeben sich keine Verzögerungen im Bearbeitungsablauf. Die eigentliche Transformation des Werkzeugrevolvers im Simulationsmodell darf erst beginnen, wenn die Maschine die Position für den Werkzeugwechsel erreicht hat. Vorher werden die Daten noch in der aktuellen Lage für die Kollisionstests gebraucht.

Im folgenden wird die Rotation eines Werkzeugrevolvers mit einer Drehachse parallel zu der Z-Achse gezeigt. Für eine beliebige Lage der Rotationsachse ist die Vorgehensweise analog dazu. Vor der Rotation ist zuerst eine Transformation der Rotationsachse in den Koordinatenursprung erforderlich. Dazu wird eine drei mal drei Einheitsmatrix um eine vierte Zeile und Spalte für die Aufnahme des translatorischen Teils erweitert, in welche der Verschiebevektor von der Ruhelage des Revolverbasispunktes *RBP* zum Koordinatursprung eingetragen wird. Diese Darstellung wird als Transformation mit homogenen Koordinaten bezeichnet. Der Vorteil ist die Kombinationsmöglichkeit von mehreren Transformationen in eine Matrix. Die Folgenden Matrizen sind transponiert, so daß Translationsvektoren in ihrer normalen Schreibweise in der Matrix erscheinen:

$$\boldsymbol{M_{ZA}} = \begin{vmatrix} 1 & 0 & 0 & -rpb_x \\ 0 & 1 & 0 & -rbp_y \\ 0 & 0 & 1 & -rbp_z \\ 0 & 0 & 0 & 1 \end{vmatrix} \qquad \text{4.6.3 Gl.1}$$

Der Rotationswinkel γ berechnet sich aus der Werkzeugplatznummer n_{wzp} und der Anzahl der Werkzeugplätze n_{wzp_max} auf der Revolverscheibe:

$$\gamma = \frac{n_{wzp} \cdot 360}{n_{wzp\_max}} \qquad \text{4.6.3 Gl.2}$$

Mit diesem Winkel ergibt sich die Transformationsmatrix für eine Drehung um die Z-Achse im Uhrzeigersinn:

$$\boldsymbol{M_\gamma} = \begin{vmatrix} \cos\gamma & -\sin\gamma & 0 & 0 \\ \sin\gamma & \cos\gamma & 0 & 0 \\ 0 & 0 & 1 & 0 \\ 0 & 0 & 0 & 1 \end{vmatrix} \qquad \text{4.6.3 Gl.3}$$

Nach der Rotation muß der Werkzeugrevolver wieder in seine Ausgangslage zurücktransformiert werden:

$$\boldsymbol{M_{AL}} = \begin{vmatrix} 1 & 0 & 0 & rpb_x \\ 0 & 1 & 0 & rbp_y \\ 0 & 0 & 1 & rbp_z \\ 0 & 0 & 0 & 1 \end{vmatrix} \qquad \text{4.6.3 Gl.4}$$

Zusammengefaßt läßt sich die Matrix für die Revolverrotation als Produkt der drei Matrizen schreiben:

$$M_{ROT} = M_{ZA} \cdot M_{\gamma} \cdot M_{AL} = \begin{vmatrix} \cos\gamma & -\sin\gamma & 0 & rbp_x \cos\gamma - rbp_y \sin\gamma \\ \sin\gamma & \cos\gamma & 0 & rbp_x \sin\gamma + rbp_y \cos\gamma \\ 0 & 0 & 1 & rbp_z \\ 0 & 0 & 0 & 1 \end{vmatrix} \qquad 4.6.3\ Gl.5$$

4.7 Istpositionskorrektur

Die Istpositionskorrektur hat die Aufgabe, alle Positionsmeldungen der Maschine auf Ihre Lage relativ zum Verfahrweg des aktuellen Satzes zu überprüfen und eventuell Korrekturen durchzuführen. Diese Korrekturen sind für die Anpassung des Simulationsmodells an die realen Gegebenheiten erforderlich.

Für eine korrekte Darstellung des Werkstücks im Simulationsmodell darf die Position der Maschine nicht von der berechneten Geraden vom Startpunkt zum Zielpunkt des Verfahrsatzes abweichen. Weicht die Istposition der Maschine im Rahmen der Rechengenauigkeit auch nur an der letzten relevanten Stelle von der berechneten Geraden im Modell ab, so entsteht in der Werkstückkontur ein neuer Stützpunkt da die Werkstückaktualisierung keine Informationen über die Verfahrbefehle besitzt. Die Werkstückkontur wird anhand der übermittelten Vorauspositionen von der Bewegungssimulation aktualisiert. Liegen diese Positionen nicht auf einer Geraden, so entstehen Stützpunkte in der Kontur und bewirken dadurch eine Erhöhung der Flächenzahl in der 3D-Darstellung für den Kollisionstest und eine in Wirklichkeit gerade Fläche wird mit mehreren Flächensegmenten dargestellt. Die Korrektur einer derartigen Bahnabweichung inner-

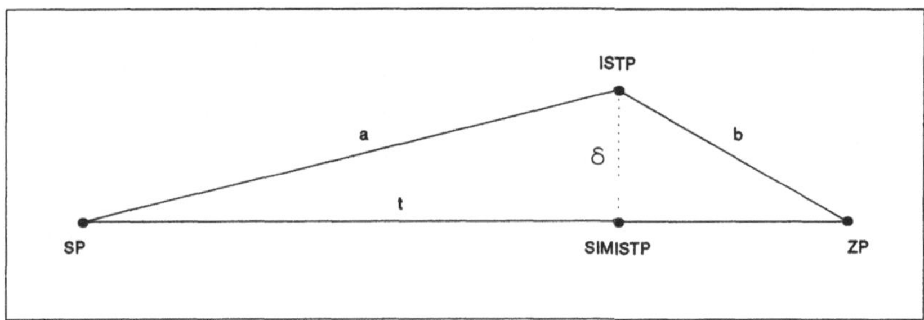

Bild 4.14: Korrektur des Istwertes durch Projektion auf den simulierten Verfahrweg.

halb der Rechengenauigkeit wird nur dann durchgeführt, wenn der senkrechte Abstand der gemeldeten Istposition vom Verfahrweg den Wert δ nicht überschreitet.

Für die Berechnung dieser Abweichung ist zunächst die korrigierte Position, die zur simulierten Istposition werden soll, zu berechnen. Dazu wird das Streckenverhältnis der Strecke Startpunkt-Istpunkt zu der Strecke Istpunkt-Zielpunkt Bild 4.14 berechnet und das Streckenverhältnis benutzt, um auf dem simulierten Verfahrweg einen Punkt zu berechnen, der den Verfahrweg im selben Verhältnis teilt.

Die Streckenlänge vom Startpunkt zum Istpunkt beträgt:

$$a = |\overrightarrow{istp} - \overrightarrow{sp}| \qquad \text{4.7.0 Gl.1}$$

Der Weg vom Istpunkt zum Zielpunkt hat die Länge:

$$b = |\overrightarrow{zp} - \overrightarrow{istp}| \qquad \text{4.7.0 Gl.2}$$

Daraus errechnet sich das Verhältnis der Strecke Startpunkt - simulierter Istpunkt zur gesamten Strecke zu:

$$t = \frac{a}{a+b} \qquad \text{4.7.0 Gl.3}$$

Der simulierte Istpunkt ergibt sich aus:

$$\overrightarrow{simistp} = t \cdot |\overrightarrow{zp} - \overrightarrow{sp}| \qquad \text{4.7.0 Gl.4}$$

Für denn Fall, daß der Zielpunkt mit dem Startpunkt identisch ist, ist die Gleichung undefiniert und der Startpunkt kann als simulierter Istpunkt übernommen werden.

Der Abstand vom Istpunkt zum simulierten Istpunkt wird berechnet und mit dem Wert δ verglichen. Ist die Bedingung

$$\delta \geq |\overrightarrow{istp} - \overrightarrow{simistp}| \qquad \text{4.7.0 Gl.5}$$

erfüllt, so wird für die Vorausberechnung der Werkstückkontur und den Test des Hüllvolumens gegen das Werkstück der berechnete simulierte Istpunkt benutzt. Wird die Abweichung grösser als diese Toleranzmarke, so soll sie nicht mehr korrigiert werden und der tatsächliche Istpunkt wird an die Werkstückaktualisierung übergeben.

Zur Kollisionsberechnung für Geometrien mit Schutzzonen ist eine Korrektur nicht erforderlich und die Istposition der Maschien kann direkt übernommen werden.

Bei einer Bewegung der Maschine auf einer gekrümmten Bahn ist eine Abweichung der Istposition der Maschine von der simulierten Istposition prinzipiell bedingt. Die Istposition der Maschine, die sich auf der programmierten Bahn bewegt, muß an die Segmente, die bei der Aufteilung in gerade Verfahrsätze entstehen, angeglichen werden. Das ist notwendig, um bei längeren Segmenten, in denen das Hüllvolumen und die Vorausposition für die Aktualisierung ab der Istposition gerechnet werden, entlang der berechneten Segmente zu verfahren. In Bild 4.15 wird die Lage der tatsächlichen Istposition der Maschine auf der Kreisbahn und die Lage der simulierten Istposition auf einem Teilsegment, in welchem der Kollisionsschutz rechnet, gezeigt. Der simulierte Istpunkt kann in diesem Fall durch die Schnittpunktberechnung der Geraden durch Startpunkt und Zielpunkt des Segmentes mit der Geraden, die durch den Kreismittelpunkt und den Istpunkt führt, gebildet werden. Da beide Geraden in einer Ebene liegen und die Kreissegmente maximal einen Winkel von 90 Grad bilden, ergibt sich mit Sicherheit ein Schnittpunkt.

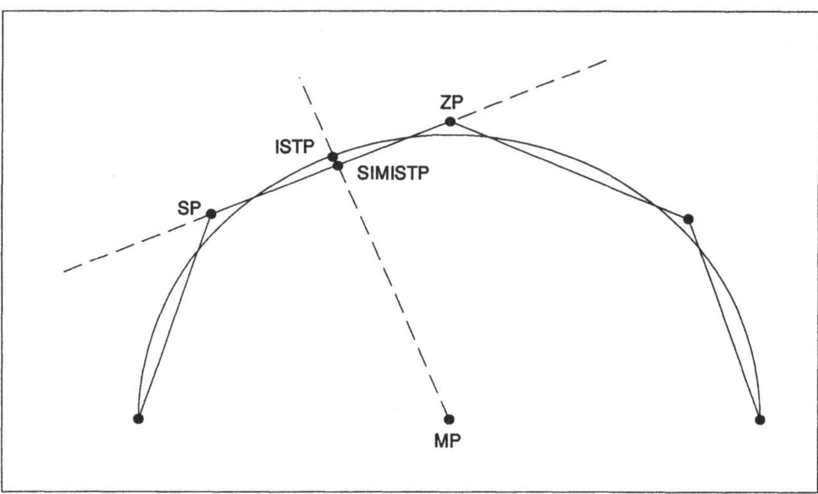

Bild 4.15: Projektion des Istpunktes der Maschine auf ein Kreissegment zur Berechnung des simulierten Istpunktes.

Für die Ermittlung des Schnittpunktes berechnet man den Richtungsvektor vom Startpunkt zum Zielpunkt

$$\overrightarrow{spzp} = \overrightarrow{zp} - \overrightarrow{sp}, \qquad \text{4.7.0 Gl.6}$$

den Radiusvektor vom Mittelpunkt zum Istpunkt

$$\overrightarrow{mpistp} = \overrightarrow{istp} - \overrightarrow{mp} \qquad \text{4.7.0 Gl.7}$$

und den Radiusvektor vom Mittelpunkt zum simulierten Istpunkt:

$$\overrightarrow{mpsimistp} = \overrightarrow{simistp} - \overrightarrow{mp} \qquad \text{4.7.0 Gl.8}$$

Mit diesen beiden Vektoren und dem Start- und Mittelpunkt ergibt sich folgendes Gleichungssystem zur Beschreibung des gesuchten Punktes:

$$\overrightarrow{sp} + t \cdot \overrightarrow{spzp} = \overrightarrow{mp} + \frac{|\,\overrightarrow{mpsimistp}\,|}{|\,\overrightarrow{mpist}\,|} \cdot \overrightarrow{mpistp} \qquad \text{4.7.0 Gl.9}$$

Mit dem aus der Lösung des Gleichungssystems gewonnenen Parameter t errechnet sich der simulierte Istpunkt zu:

$$\overrightarrow{simistp} = \overrightarrow{sp} + t \cdot \overrightarrow{spzp} \qquad \text{4.7.0 Gl.10}$$

An die Verfahrwegberechnung werden dann sowohl der simulierte Istpunkt als auch der tatsächliche Istpunkt übergeben.

Eine weitere Aufgabe der Positionskorrektur ist die Ermittlung des Bogensegmentes, das der aktuellen Maschinenposition zugeordnet ist. Nach einem Segmentwechsel muß in der Pufferverwaltung der älteste Puffer für die gespeicherten Hüllvolumina wieder freigegeben werden und in der Istpositionskorrektur muß die simulierte Position mit den Daten des folgenden Segmentes berechnet werden. Der Startpunkt und der Zielpunkt für die Positionskorrekturen sind durch das nächste Paar von Stützpunkten zu ersetzten.

Mit dieser Berechnung ist auch eine Kontrolle der Position im Simulationsmodell mit der tatsächlichen Maschinenposition bei einem Satzwechsel möglich.

Ein Segmentwechsel bei einer Bogenverfahrbewegung kann mit dem folgenden Verfahren erkannt werden. Bei der Abbildung des Istpunktes auf die Gerade durch den Startpunkt und den Zielpunkt des aktuellen Satzes nach obiger Methode wurde ein Parameter t berechnet. Mit Hilfe dieses Parameters wird überprüft, ob der abgebildete Punkt noch vor dem Zielpunkt liegt, sich also im aktuellen Segment befindet oder ob er schon dahinter zu liegen kommt (Bild 4.16). Der erste abgebildete Punkt ist deshalb zunächst nur ein Testpunkt. Durch Betrachtung des Parameters t kann die Lage bezüglich Start- und Zielpunkt festgelegt werden. Erfüllt der Parameter t die Bedingung

$$0 \leq t < 1 \qquad \text{4.7.0 Gl.11}$$

so liegt der Testpunkt zwischen Start- und Zielpunkt und ist damit schon der gesuchte zu simulierende Istpunkt.

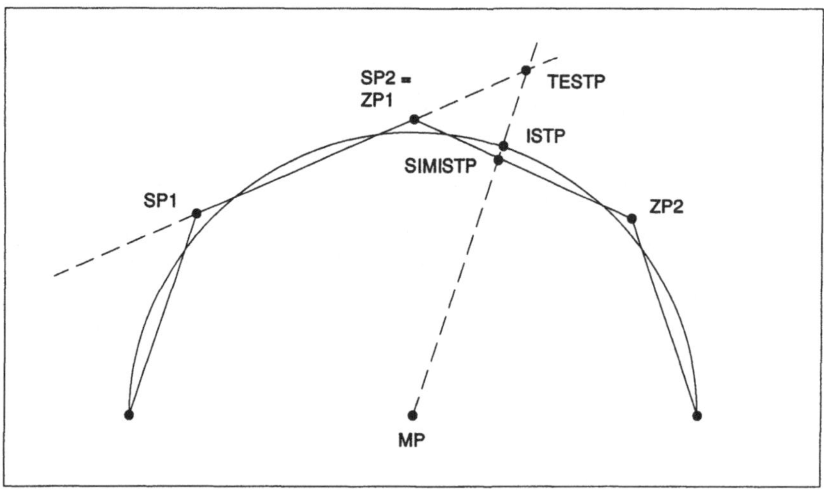

Bild 4.16: Projektion der Istposition bei einem Segmentwechsel.

Erfüllt der Parameter t die Bedingung

$$1 \leq t \qquad \text{4.7.0 Gl.12}$$

hat die Maschine den Zielpunkt bereits erreicht oder überschritten. In diesem Fall ist ein Segmentwechsel durchzuführen. In der Pufferverwaltung kann der älteste Puffer für ungültig erklärt werden. Der Zielpunkt des aktuellen Segmentes wird zum Startpunkt des nächsten Segmentes und der nächste Stützpunkt wird als Zielpunkt übernommen. Auf die Gerade durch diese Punkte wird dann der zu simulierende Istpunkt nach dem selben Verfahren wieder abgebildet. Eine Kontrolle der Lage im Segment kann in diesem Fall entfallen, da die Maschine für Kurvenverfahrsätze so in der maximalen Verfahrgeschwindigkeit begrenzt werden muß, daß nie mehr als ein Segmentwechsel pro Rechenschritt stattfinden kann. Als Kontrollfunktion kann diese Überprüfung jedoch immer durchgeführt werden und hilft so Fehler zwischen Modell und Wirklichkeit zu vermeiden.

Erfüllt der Parameter t aber die Bedingung

$$t < 0 \qquad 4.7.0\ \text{Gl.13}$$

so muß ein Fehler aufgetreten sein. Ist diese Bedingung erfüllt während im ersten Segment gerechnet wird, so kann davon ausgegangen werden, daß es sich um einen Schleppfehler handelt (die Maschine verfährt noch im vorhergehenden Satz). Der Schleppfehler kann durch eine Berechnung des Abstandes zwischen der Istposition und dem Startpunkt des Kurvenverfahrsatzes ermittelt werden. Ist der Fehler kleiner als der maximal erlaubte Schleppfehler F_{sch_max} und es gilt

$$F_{sch\_max} \geq | \overrightarrow{sp} - \overrightarrow{istp} | \qquad 4.7.0\ \text{Gl.14}$$

so wird der Fehler ignoriert und der Startpunkt als simulierter Istpunkt übergeben. Im anderen Fall wird mit einer Fehlermeldung abgebrochen.

Ist $t < 0$ erfüllt und die Überprüfung findet nicht im ersten Segment statt, so ist ein Fehler beim Segmentwechsel aufgetreten und es muß ebenfalls abgebrochen werden.

Für das Erkennen eines Satzwechsels bei einem Geradenverfahrsatz können nur die Daten des aktuellen Satzes verwendet werden, da nicht sichergestellt werden kann, daß immer Daten über den vorhergehenden und den nachfolgenden Satz existieren. Als Vergleichswert dient dazu der Richtungsvektor $\overrightarrow{spzp}$ vom Startpunkt zum Zielpunkt des Geradenverfahrsatzes. Weiter werden noch der Vektor vom Startpunkt des aktuellen Satzes zum Istpunkt $\overrightarrow{spistp}$ und der Vektor vom Istpunkt zum Zielpunkt $\overrightarrow{istpzp}$ des Satzes gebildet. Die Richtungen dieser Vektoren werden über das Skalarprodukt verglichen. Ist die Bedingung

$$0 \leq \overrightarrow{spzp} \cdot \overrightarrow{istpzp} \qquad 4.7.0\ \text{Gl.15}$$

erfüllt, so liegt der Testpunkt auf dem Startpunkt oder vom Startpunkt in Richtung auf den Zielpunkt. Ist die Bedingung nicht erfüllt, so liegt ein Fehler vor, da die Maschine noch im vorangegangenen Satz verfährt. Es kann sich wiederum um einen Schleppfehler handeln, der bei einer erfolgreichen Abstandsprüfung wie oben durch den Startpunkt ersetzt wird oder aber einen

Abbruch zur Folge hat. War die Bedingung erfüllt, so wird der Istpunkt mit dem Satzende verglichen. Ist die Bedingung

$$0 \geq \overrightarrow{spzp} \cdot \overrightarrow{istpzp} \qquad 4.7.0\ Gl.16$$

erfüllt, befindet sich der Istpunkt vor oder auf dem Zielpunkt und die normale Positionskorrektur mit Prüfung der vertikalen Bahnabweichung kann durchgeführt werden. Ist diese zweite Bedingung nicht erfüllt, so liegt der Testpunkt hinter dem Zielpunkt und damit mit Bestimmtheit außerhalb des überprüften Satzes. In diesem Fall muß abgebrochen werden, da nur aufgrund eines Fehlers ein Satzwechsel nicht berücksichtigt worden sein kann.

4.8 Pufferverwaltung

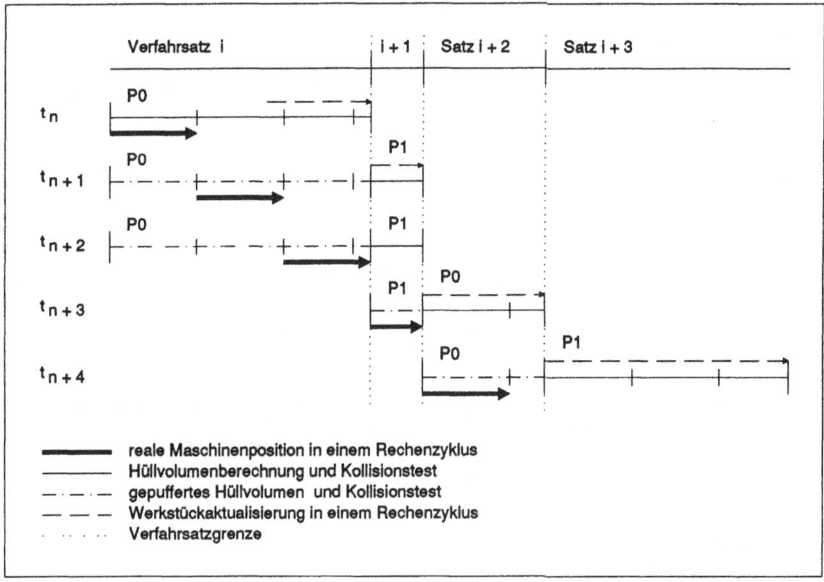

Bild 4.17: Satzwechsel bei kurzen Verfahrsätzen unter Verwendung von zwei Puffern.

Für einen unterbrechungsfreien Betrieb der Maschine bei einem Satz- oder Segmentwechsel ist ein Vorausrechnen des Kollisionsschutzsystems im Simulationsmodell erforderlich. Die daür berechneten Hüllvolumen müssen während ihrer temporären Gültigkeit vom Kollisionsschutz verwaltet und auf Kollisionen getestet werde. Da die Daten für die Hüllvolumen je nach Art des Werkzeuges sehr umfangreich werden können, ist die optimale Pufferanzahl ein wichtiges Kriterium. Für die Bestimmung der optimalen Pufferanzahl sind vor allem die Bedingungen bei einem Richtungswechsel entscheidend.

Um bei einem Satzwechsel der Maschine am Ende des aktuellen Satzes die Maschine nicht für einen Rechenzyklus des Kollisionsschutz für die Vorausberechnung des ersten Teilstückes des neuen Satzes anhalten zu müssen, werden mindestens zwei Pufferplätze für Hüllvolumina benötigt. Vor allem in der Betriebsart Automatik für die Bearbeitung eines Werkstückes nach einem vorprogrammierten Ablauf sind jedoch oft sehr kurze Verfahrsätze enthalten, deren Verfahrsatzlänge kleiner als der Kollisionsschutzverfahrweg s_k ist. Für diesen Fall sind zwei Puffer nicht ausreichend. Der in Bild 4.17 gezeigte Ablauf beschreibt diesen Sachverhalt. Die Maschine erreicht im Rechenschritt ab Zeitpunkt t_{n+3} das Satzende des sehr kurzen Satzes $i+1$ und muß auf die Satzfreigabe für den Satz $i+2$ warten. Diese erfolgt erst nach Beendigung aller Kollisionsberechnungen am Ende des Rechenschrittes.

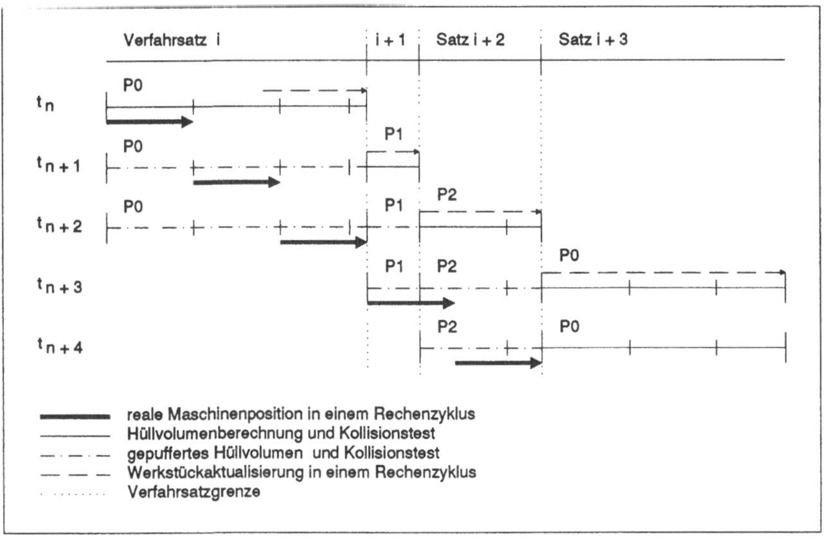

Bild 4.18: Satzwechsel bei kurzen Verfahrsätzen unter Verwendung von drei Puffern.

Mit drei Puffern ist dieser Fall, wie in Bild 4.18 dargestellt wird, noch zu beheben. Hier kann mit einem weiteren Puffer die Satzfreigabe für den Satz $i+2$ - Kollisionsfreiheit für den Satz vorausgesetzt - schon am Ende des Rechenschrittes, der zum Zeitpunkt t_{n+2} beginnt, gegeben werden. Zum Zeitpunkt t_{n+3} beginnt bereits die Berechnung für den Satz $i+3$. Diese Bearbeitungssituation ist bei Drehmaschinen während einer zyklischen Bearbeitung durch kurze Zustell- und Freifahrbewegungen des Werkzeuges sehr oft gegeben.

Es sind auch Bearbeitungssituationen denkbar, in denen viele dieser sehr kurzen Verfahrsätze auftreten und der Kollisionsschutz daher auch mit drei Puffern nicht in der Lage ist, für einen unterbrechungsfreien Betrieb weitgenug vorauszurechnen. Mit weiteren Puffern könnten auch diese Situationen noch abgefangen werden. Die Puffer laufen entsprechend später voll. Nachteilig wirkt sich bei einer grossen Pufferanzahl die längere Rechenzeit T_k des Kollisionsschutzsystems für die Generierung der Hüllvolumen und für den Kollisionsstest mit der grösseren Anzahl von Hüllvolumen aus. Die Konsequenz daraus ist eine Verlängerung des Kollisionsschutzverfahrweges s_k.

Sind Bearbeitungsituationen mit Satzlängen kleiner s_k sehr häufig, so ist es sinnvoller, die Rechenleistung für kleinere Zykluszeiten T_k anstatt der Pufferanzahl zu erhöhen. Für den Kollisionsschtuz sind daher drei Puffer unter Betrachtung der Randbedingungen am besten geeignet.

5 Werkstückaktualisierung

Während der Bearbeitung unterliegt das Werkstück einer ständigen Formänderung. Diese Änderungen der realen Werkstückgeometrie müssen vor jedem Kollisionstest im Simulationsmodell des Kollisionsschutzsystems vorausgerechnet werden.

Die im vorliegenden Kollisionsschutz beschriebene Werkstückaktualisierung ist für eine Drehbearbeitung konzipiert. Der Vorteil dieser Betrachtungsweise liegt in den erheblich einfacheren Algorithmen für die Aktualisierung und den daraus resultierenden kürzeren Rechenzeiten durch eine Reduktion der Bearbeitung auf ein zweidimensionales Problem. Für eine dreidimensionale Bearbeitung ist eine Erweiterung des Aktualisierungsmoduls erforderlich. Eine umfassende Lösung einer dreidimensionalen Bearbeitungssimulation ist in [71] beschrieben.

In jedem Testzyklus werden vom Kollisionsschutz die

- technologischen Bedingungen des Zerspanprozesses und die
- geometriesche Kollisionsfreiheit des Werkstückes mit allen anderen kollisionsrelevanten Geometrien

überprüft. In Pilland [50, 54] sind Verfahren zur Werkstückaktualisierung für ein 2D-Kollisionsschutzsystem an Drehmaschinen vorgestellt, die sich auch für die reine Drehbearbeitung in einem 3D-Kollisionsschutzsystem anwenden lassen.

5.1 Technologische Zerspanbedingungen

Das Kollisionsschutzsystem übernimmt hier nicht die Aufgabe der Ermittlung von optimalen Schnittdaten für die Bearbeitung eines Werkstückes. Für eine korrekte Simulation des Zerspanprozesses sind einige technologische Zerspandaten jedoch unbedingt erforderlich und anhand der Überprüfung von vorgegebenen Grenzwerten kann die Wahrscheinlichkeit eines Werkzeugbruches doch erheblich gesenkt werden. Die vom Kollisionsschutz betrachteten technologischen Daten beschränken sich auf die

- Drehrichtung,
- Schnittgeschwindigkeit und den
- Vorschub.

Drehrichtung

Vor einer Aktualisierung des Werkstückes muß vom Kollisionsschutz überprüft werden, ob die eingestellte Drehrichtung zusammen mit dem gewählten Werkzeug eine Bearbeitung zuläßt. Jedes Werkzeug hat in Abhängigkeit von der Bearbeitungsposition oberhalb oder unterhalb der Drehachse genau eine zulässige Drehrichtung mit der eine Bearbeitung des Werkstückes erfolgen kann. Stimmt die Drehrichtung nicht mit der geforderten Drehrichtung des Werkzeuges überein, kann keine Aktualisierung durchgeführt werden. In Bild Bild 5.19 wird dieser Zusammenhang verdeutlicht.

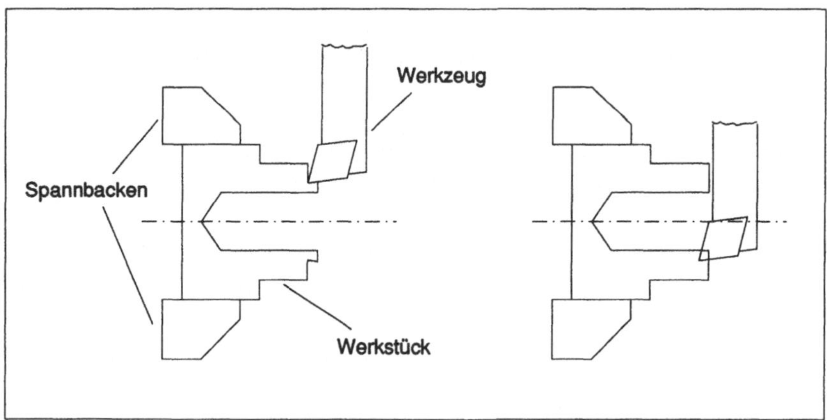

Bild 5.19: In der linken Bildhälfte wird eine Bearbeitung mit richtiger Drehrichtung und dazu passender Lage des Werkzeuges gezeigt. In der rechten Bildhälfte wird mit dem gleichen Werkzeug und der gleichen Drehrichtung eine Bearbeitung unterhalb der Drehachse und damit entgegengesetzter Drehrichtung in Bezug auf das Werkzeug vorgegeben. Es wird keine Aktualisierung durchgeführt.

Schnittgeschwindigkeit

Die Überprüfung der Schnittgeschwindigkeit anhand von vorgegebenen Grenzwerten erfolgt zur Vermeidung von unzulässigen Belastungen des Werkstückes und des Werkzeuges durch zu geringe oder zu hohe Werte. Liegen die eingestellten Werte ausserhalb der zulässigen Grenzwerte, so erfolgt keine Werkstückaktualisierung.

Vorschub

Der Vorschub wird ebenfalls anhand der vorgegebenen Grenzwerte geprüft. Aus den eingestellten Werten und der Richtung des Vorschubes wird errechnet, wie weit das Werkstück für eine sichere Kollisionserkennung im voraus Aktualisiert werden muß. Bei einer Überschreitung des gegebenen Grenzwertes findet keine Aktualisierung statt.

Wenn Aufgrund falscher technologischer Daten keine Aktualisierung des Werkstückes durchgeführt wird, erfolgt eine Meldung an den Bediener der Maschine. Es kann erst nach einer Korrektur der falschen Daten weitergearbeitet werden, da ansonsten eine Kollision des Werkzeuges mit dem Werkstück erkannt wird.

5.2 Abbildung der Werkzeugschneide

Bei einer Drehbearbeitung des Werkstückes findet die Bearbeitung immer in einer Ebene, der Bearbeitungsebene, statt. Die Werkzeugschneide kann damit wie auch das Werkstück in einer Ebene definiert werden.

Die Form der Schneide ist werkzeugabhängig. Bei der Vorgabe der Werkzeugschneide für die Werkstückaktualisierung im Kollisionsschutz ist es nicht immer sinnvoll, die gesamte am Werkzeug vorhanden Schneide auch für die Aktualiserung zu definieren. Die Grösse der definierten Schneidenlänge sollte sich an der Belastbarkeit der Maschine orientieren. Nur bei einer entsprechend Dimensionierten Schneidengrösse kann vom Kollisionsschutz eine Überlastung der Maschine durch eine zu große Zustellung erkannt und verhindert werden.

Ein Problem bei der Kollisionserkennung stellt die Berührung des Werkstücks mit der Schneide dar. Bei einem Kollisionstest werden Berührungen bereits als Kollision gewertet und die Bearbeitung gestoppt. Zur Vermeidung dieser Situation ist es erforderlich, die Schneide im

Simulationssystem des Kollisionsschutzes um einen definierten Wert ε_S vor die reale Schneide des Werkzeuges zu legen. Dies hat bei einer Bearbeitung zur Folge, daß zwischen simulierter Werkstückkontur und der Werkzeugschneide der Abstand ε_S erhalten bleibt und bei einem Kollisionstest so keine Berührungen auftreten. Der Wert ε_S ist von der Rechengenauigkeit Abhängig und liegt im Bereich 0.1 mm.

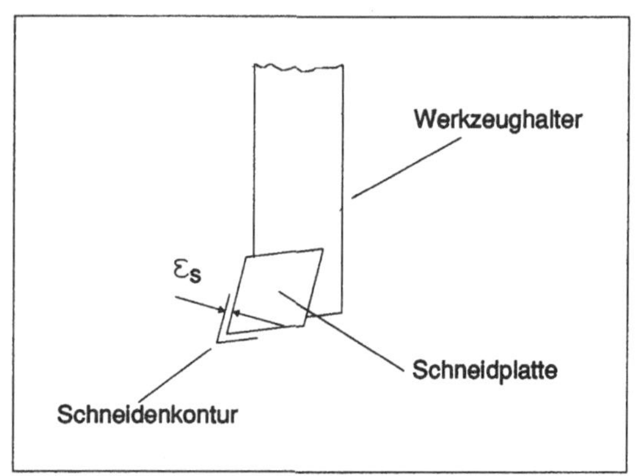

Bild 5.20: Definition der zweidimensionalen Schneidenkontur im CAD-System. Der Abstand ε_S wird bei der Konfiguration vorgegeben.

Die Schneidenkontur für die Aktualisierung des Werkstückes ist vom eingestellten Vorschub und der Bewegungsrichtung abhängig. Der Vektor $\vec{s_{kv}}$ für die Berechnung der Schneidenkontur für die Aktualisierung aus der definierten Schneidenkontur bei der Konstruktion des Werkzeuges am CAD-System wird von der Bewegungssimulation (Kapitel 4.4) zur Verfügung gestellt. Die Schneidenkontur ist als Polygonzug im Simulationssystem abgebildet. Mit Hilfe des Vektors $\vec{s_{kv}}$ und der Kanten des definierten Schneidenpolygonzuges, welche Komponenten in Richtung des Vektors $\vec{s_{kv}}$ haben, wird die Schneidenkontur für die Aktualisierung berechnet (Bild 5.21).

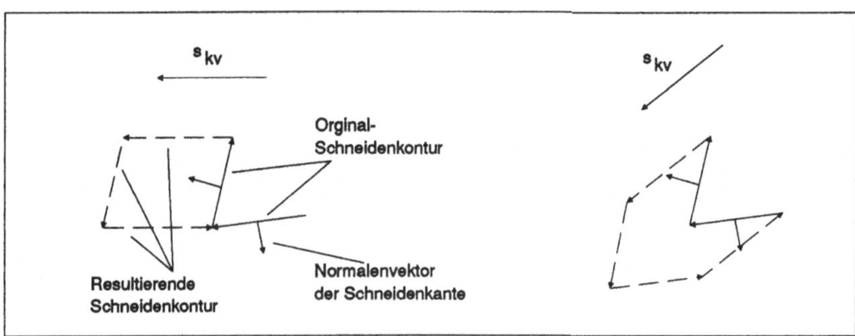

Bild 5.21: Konstruktion der resultierenden Schneidenkontur für die Werkstückaktualisierung mit Hilfe des Vektors $\vec{s_{kv}}$ aus der Orginal-Schneidenkontur. In der linken Bildhälfte hat nur ein Normalenvektor der Kante der Schneide eine Komponente in Richtung des Vorschubes. In der rechten Bildhälfte sind beide Schneidenkanten an der Aktualisierung beteiligt.

5.3 Bearbeitungssimulation

Die Bearbeitungssimulation für eine Drehbearbeitung kann auf ein zweidimensionales Problem reduziert werden. Das Werkstück wird in die X-Z-Bearbeitungsebene projiziert und als gerichteter Polygonzug abgebildet. Dabei genügt die Betrachtung der Werkstückkontur ober- oder unterhalb der Drehachse, zu der das Werkstück rotationssymmetrisch ist.

Die Werkstückkontur und die Schneidenkontur werden in der Datenstruktur des Kollisionsschutzsystems als zwei von einem Polygonzug begrenzte Flächen dargestellt. Eine Bearbeitung des Werkstückes kann somit durch eine Überlagerung der beiden Polygonzüge und der daraus resultierenden neuen Kontur simuliert werden. Ein Lösungsansatz für dieses Problem ist die Berechnung aller Schnittpunkte der beiden Polygonzüge. Für die neue Werkstückkontur können anschliessend vollständige Kanten unverändert übernommen und bearbeitete Kanten mit Hilfe der berechneten Schnittpunkte erzeugt werden.

Die Schwierigkeiten bei diesem Verfahren liegen in dem richtigen Erkennen der sich aus der Bearbeitungssituation ergebenden neuen Kontur anhand der vorliegenden Schnittpunkte und Kantenkonstellationen. Für die Lage der Kanten zueinander sind drei Varianten möglich:

- die Kanten liegen getrennt voneinander
- die Kanten berühren sich und
- die Kanten haben Schnittpunkte.

Die in Bild 5.22 *a* und *b* gezeigten Fälle sind leicht zu erkennen. Probleme ergeben sich immer dann, wenn die Kanten sich bei den Endpunkten berühren. Die Information von zwei Kanten reicht für eine Entscheidung zwischen Berühr- oder Schnittpunkt nicht mehr aus und es sind je nach Kantenkonstellation bis zu vier Kanten für ein sicheres erkennen des vorliegenden Falles erforderlich. In Bild 5.22 *c* bis *f* sind einige Beispiele für kompliziertere Fälle dargestellt. Die Art der Berührung oder des Schnittpunktes zweier Kanten kann noch genauer für die spätere Konturermittlung klassifiziert werden:

- Berührung im Anfangs- oder Endpunkt einer Kante:
  Die Betrachtung dreier Kanten ist erforderlich.
- Berührung im Anfangs- oder Endpunkt beider Kanten:
  Die Betrachtung von vier Kanten ist erforderlich.

- Überdeckung von zwei Kanten:
  Die Kanten liegen wenigstens teilweise übereinander. Als Schnittpunkte ergeben sich nur die Anfangs oder Endpunkte der Kanten.

- Schnitt zweier Kanten:
  Für den Schnittpunkt kann eine Richtung abhängig vom gerichteten Sinn der Werkstück- und Werkzeugkanten angegeben und damit ein Schnitt mit Richtung von außen in das Werkstück oder vom Werkstück nach außen definiert werden.

Für die Generierung der neuen Werkstückkontur mit Hilfe dieser Informationen können noch

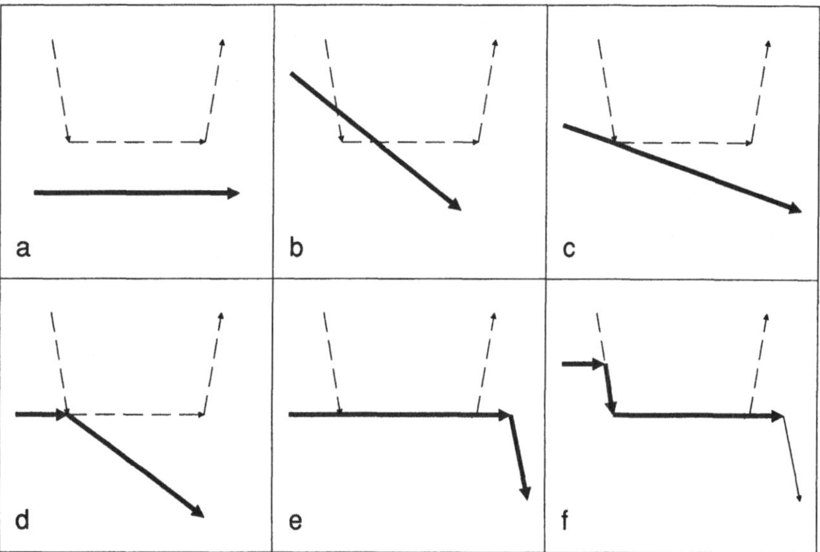

Bild 5.22: a) Keine Berührung und kein Schnitt der durchgezogenen Werkstückkante mit der gestrichelten Werkzeugschneide.
b) Zwei Schneidenkanten haben einen Schnittpunkt mit einer Werkstückkante.
c) Zwei Schneidenkanten haben einen Berührpunkt mit einer Werkstückkante.
d) Zwei Schneidenkanten haben einen Berührpunkt mit zewi Werkstückkanten.
e) Eine Schneidenkante liegt auf einer Werkstückkante.
f) Zwei Schneidenkanten liegen auf zwei Werkstückkanten.

zwei Vereinfachungen vorgenommen werden. Die Schnittpunkte können paarweise für das eindringen und verlassen einer Schneidenkante bezüglich des Werkstückes zusammengefaßtwerden und Berührpunkte können unbeachtet bleiben. Eine ungerade Anzahl von Schnittpunkten kann in der Realität nicht vorkommen. Die neue Kontur wird erzeugt, indem beginnend mit einer

Werkstückkante in gerichtetem Umlaufsinn alle Kanten bis zu einem Schnittpunkt übernommen werden. Bei einem Schnittpunkt wird von der Werkstückkante auf die entsprechende Werkzeugkante gewechselt. Bis zum nächsten Schnittpunkt wird die neue Kontur aus den Werkzeugkanten erzeugt und anschliessend wieder auf die alte Werkstückkontur gewechselt und so fort.

Durch das in Kapitel 4.4 beschriebene Verfahren der Aufteilung langer Verfahrwege in kurze Wegstücke der Länge $|\vec{s_{kv}}|$ treten bei der Werkstückaktualisierung auch bei geraden Verfahrwegen nach der Länge $|\vec{s_{kv}}|$ Konturpunkte auf. Da jeder Konturpunkt die Flächenanzahl erhöht, ist es sinnvoll im hinblick auf eine schnelle Kollisionskontrolle zu überprüfen, ob mehrere Konturpunkte auf einer Geraden liegen und diese Kanten dann zu einer Kante zusammenzufassen. In Bild 5.23 sind drei Bearbeitungsbeispiele gezeigt.

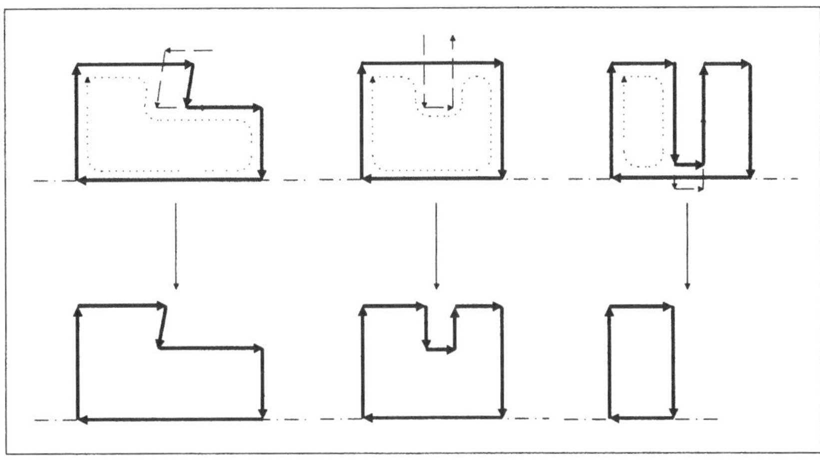

Bild 5.23: Die Bearbeitungsbeispiele zeigen von links die Simulation für Längsdrehen, Einstechen und Abstechen. Bei der Generierung der neuen Werkstückkontur wird entlang der gepunkteten Linie auf der alten Werkstückkontur bis zum ersten Schnittpunkt gegangen. Dort wird auf die Schneidenkante gewechselt und bis zum erreichen des nächsten Schnittpunktes wird die Schneidenkontur übernommen. Ab hier wiederholt sich das Abschreiten der Konturen bis zum erreichen des Startpunktes. Es wird nur die Werkstückkontur über der Drehachse betrachtet.

Für die Kollisionsprüfung wird aus der neuen zweidimensionalen Werkstückkontur durch eine Rotation um die Drehachse mit einem vorgegebenen Polygonalisierungsfaktor ein dreidimensionales Modell des Werkstückes erzeugt.

6 Kollisionserkennung

Bei einer Abbildung der realen Werkzeugmaschine mit Hilfe eines Polyedermodells in der Simulation des Kollisionsschutzsystems werden alle Maschinenkomponenten durch ebene Flächensegmente dargestellt. Eine Kollision wird dadurch erkannt, daß sich Flächensegmente von verschiedenen Maschinenkomponenten durchdringen oder berühren. Die Maschinenkomponenten und hier speziell das Werkstück und die Werkzeuge sind aus sehr vielen Flächensegmenten aufgebaut. Eine Kollisionsprüfung unter Echtzeitbedingungen ist daher keine leichte Aufgabe, zumal im dreidimensionalen Raum eine Durchdringung oder Berührung von Flächensegmenten nicht auf triviale Weise erkannt werden kann und die mathematischen Lösungen relativ aufwendig und zeitintensiv sind. Es ist daher erforderlich, vor einem Kollisionstest die Anzahl der Flächensegment für eine Prüfung zu minimieren.

Betrachtet man den Arbeitsraum einer Werkzeugmaschine, so wird man erkennen, daß Kollisionen nur zwischen bestimmten Maschinenkomponenten stattfinden können. Zudem wird eine Kollision nur in einem begrenzten Raum erfolgen. Aus diesen Überlegungen lassen sich zwei Aussagen ableiten:

- Eine Kollisionsprüfung muß nur zwischen den Maschinenkomponenten stattfinden, die konstruktionsbedingt auch wirklich kollidieren können und,

- da diese Maschinenkomponenten in der Regel nur an einer Stelle kollidieren werden, genügt es, nur die Flächensegmente an diesen gefährdeten Stellen auf Kollision zu prüfen.

Mit Hilfe dieser beiden Ansatzpunkte können Wege für eine Reduzierung der in einem Zyklus zu testenden Flächen gefunden werden.

6.1 Kollisionstestmatrix

Mit dem Wissen über den konstruktiven Aufbau der Maschine und in Kenntnis der kinematischen Strukturen kann eine Kollisionstestmatrix erstellt werden. In dieser Matrix werden alle Maschinenkomponenten, die im Simulationsmodell als eigene Elemente abgebildet sind, als Zeilen- und Spaltenindex eingetragen. Bei einer Elementeanzahl n_{el} im Simulationsmodell ergibt sich eine (n_{el}, n_{el})-Matrix. In die Matrix können die Testpaarungen eingetragen werden. Diese Methode wird auch von [14] vorgeschlagen. Dabei gilt es drei Unterscheidungen zu treffen:

- Eine Elementepaarung darf nicht getestet werden wenn die Maschinenkomponenten sich konstruktiv bedingt berühren oder sogar fest miteinander verbunden sind. Ein Test dieser Paarung hätte immer eine Kollisionsmeldung zur Folge. (X in der Kollisionstestmatrix)

- Eine Elementepaarung muß für einen sicheren Betrieb der Maschine getestet werden, da Kollisionen möglich sind. (T in der Kollisionstestmatrix)

- Alle anderen Paarungen dürfen getestet werden. Es sind jedoch auf keinen Fall Kollisionen bedingt durch die Konstruktion der Maschine oder aufgrund der Bearbeitungssituation möglich. (weißes Feld in der Kollisionstestmatrix)

Maschinen-komponenten	Maschinenrahmen	Spannfutter	Spannbacke	Werkstück	Schlitten 1	Revolver 1	Revolverscheibe 1	Werkzeughalter 1.1	Werkzeug 1.1	Werkzeughalter 1.2	Werkzeug 1.2	Schlitten 2	Revolver 2	Revolverscheibe 2	Werkzeughalter 2.1	Werkzeug 2.1	Werkzeughalter 2.2	Werkzeug 2.2	Reitstock	Pinole	Reitstockspitze
Maschinenrahmen	x	x			x			T	T	T	T	x			T	T	T	T	x		
Spannfutter	x	x	x				T	T	T	T	T			T	T	T	T	T			T
Spannbacke	x	x	x				T	T	T	T	T			T	T	T	T	T		T	
Werkstück			x	x			T	T	T	T	T			T	T	T	T	T		T	x
Schlitten 1	x				x	x													T		
Revolver 1					x	x	x							T	T	T	T	T	T	T	T
Revolverscheibe 1		T	T	T		x	x	x		x			T	T	T	T	T	T	T	T	T
Werkzeughalter 1.1	T	T	T	T			x	x	x					T	T	T	T	T			
Werkzeug 1.1	T	T	T	T				x	x					T	T	T	T	T	T	T	T
Werkzeughalter 1.2	T	T	T	T			x			x	x		T	T	T	T	T	T			
Werkzeug 1.2	T	T	T	T						x	x			T	T	T	T	T	T	T	T
Schlitten 2	x											x	x						T		
Revolver 2							T	T	T	T	T	x	x	x					T	T	T
Revolverscheibe 2		T	T	T		T	T	T	T	T	T		x	x	x		x		T	T	T
Werkzeughalter 2.1	T	T	T	T		T	T	T	T	T	T			x	x	x					
Werkzeug 2.1	T	T	T	T		T	T	T	T	T	T				x	x	x		T	T	T
Werkzeughalter 2.2	T	T	T	T		T	T	T	T	T	T			x		x	x	x			
Werkzeug 2.2	T	T	T	T		T	T	T	T	T	T						x	x	T	T	T
Reitstock	x				T	T	T		T		T	T	T	T		T		T	x	x	
Pinole			T	T		T	T		T		T		T	T		T		T	x	x	x
Reitstockspitze		T		x		T	T		T		T		T	T		T		T		x	x

Bild 6.1: Kollisionstestmatrix für eine Vierachsendrehmaschine.
(x: kein Test, T: Test erforderlich, weißes Feld: kein Test erforderlich)

Die in Bild 6.1 gezeigte Kollisionstestmatrix korrespondiert mit der in Bild 2.3 gezeigten kinematischen Struktur der in Bild 2.1 dargestellten 4-Achsendrehmaschine. Die mit x gekennzeichneten Elementepaarungen dürfen nicht getestet werden, alle mit T gekennzeichneten Paarungen müssen getestet werden. Die Matrix ist symmetrisch zur Hauptdiagonale. Für einen Kollisionstest genügt die Betrachtung der oberen oder unteren Dreiecksmatrix.

Die Kollisionstestmatrix erfordert zur Laufzeit keine Rechenleistung. Sie kann bereits zum Zeitpunkt der Konfiguration erstellt werden und bleibt für diese Konfiguration immer gültig.

Mit der Kollisionstestmatrix ist eine erste Minimierung der möglichen Testpaarungen getroffen. Trotzdem ist die Anzahl der verbleibenden Testpaarungen sehr hoch, obwohl im Beispiel die Maschine nur mit vier Werkzeugen bestückt ist. Die Kollisionswahrscheinlichkeit für die meisten Paarungen ist jedoch sehr gering. Vor einem Kollisionstest auf Flächenbasis ist es daher sinnvoll, weitere Ansätze zu einer Minimierung der Elementepaarungen zu suchen.

6.2 Reduzierung der Testpaarungen

Bei einem normalen Betrieb der Werkzeugmaschine sind keine Kollisionen zu erwarten. Es bietet sich somit an, nach einem geeigneten schnellen Verfahren zum Ausschluß von Maschinenkomponenten von einem Kollisionstest auf Flächenbasis zu suchen. Eine Möglichkeit bietet hier eine Grobdarstellung des entsprechenden Elementes durch Hüllkörper. Diese Verfahren werden auch in der Literatur [14, 86] genannt, wo eine Darstellung mit einfachen Grundkörpern wie Würfel, Quader und Zylinder gezeigt wird. In [] wird ein Verfahren beschrieben, in dem die nachbarschftlichen Beziehungen der Flächen in Prioritätslisten für einen schnellen Zugriff auf die relevanten Flächen benutzt wird.

6.2.1 Hüllkörpertests

Eine Beschreibung der Maschinenkomponenten im Simulationsmodell des Kollisionsschutzsystems erfolgt mit Hilfe eines Polyedermodells. Die Volumen werden dabei durch ihre Polyederhülle begrenzt. Diese Polyederhüllen setzen sich aus einer Vielzahl von ebenen Flächenstücken zusammen. Je nach Bedarf, der sich aus der geforderten Genauigkeit der Darstellung ergibt, sind dies große oder kleine Flächenstücke mit meistens vier bis sechs Eckpunkten. Durch diese Art der Darstellung der Geometrien erhält man speziell bei Rotationskörpern eine große Anzahl solcher Flächen. Bei großflächigen, ebenen Teilen der Maschine wie etwa den Begrenzungswänden des Maschinenraumes genügt vielleicht schon eine Fläche für eine exakte Beschreibung. Die Flächen werden durch ihre Eckpunktkoordinaten beschrieben. Somit liegen im Simulationsmodell nur die Werte der einzelnen Flächeneckpunkte, aber keine Informationen über die Form einer Maschinenkomponente im ganzen vor. Eine Entscheidung über die Formen und die Abmessungen verschiedener Hüllkörper ist demnach nur über eine Auswertung der existierenden Flächeneckpunktkoordinaten möglich. Eine solche Auswertung ist sehr aufwendig, da die Daten der modellierenden Flächen in der verwendeten Datenstruktur in keiner einheitlichen Reihenfolge abgelegt sind. Eine Suche nach Minimal- und Maximalwerten von Flächeneckpunktkoordinaten ist notwendig, um Informationen über die Abmessungen der Hüllkörper zu erhalten. Welche geometrischen Körper zur Beschreibung geeignet sind, läßt sich wiederum nur durch einen Vergleichen aller Flächeneckpunkte ermitteln.

Aus den hieraus gewonnenen Erkenntnissen erscheint ein Annähern von Maschinenkomponenten durch geometrische Körper für eine Reduzierung der Flächenanzahl im vorliegenden Modell der Werkzeugmaschine als nicht sinnvoll. Zwar könnte nach dem Vergleichen der einzelnen Hüllelemente auf Durchdringung schnell eine Reihe von Flächen vor einer weiteren, genaueren Betrachtung ausgeschlossen werden, aber der Aufwand zum Ermitteln der geeigneten Hüllkörper und vor allem die erforderliche Erweiterung der Datenstruktur für eine Beschreibung der Elemente aus geometrischen Grundkörpern macht dieses Verfahren für das vorliegende Modell unbrauchbar.

Sinnvoll, weil relativ schnell zu ermitteln, erscheint hingegen die Berechnung eines achskonformen Hüllquaders für eine erste, grobe Näherung der Maschinenkomponenten. Diese Näherung mag zwar in einigen Fällen sehr ungenau sein, mit ihr können aber dennoch brauchbare Erkenntnisse zur Reduzierung der Flächenanzahl erzielt werden.

Für die Ermittlung eines achskonformen Hüllquaders sind die Eckpunktkoordinaten aller Flächen einer Maschinenkomponente im Modell jeweils in der *Z*-, *Y*- und *Z*- Koordinate der Größe nach zu vergleichen. Aus den minimalen und maximalen Werten ergeben sich die Eckpunkte des Hüllquaders, der durch seine Raumdiagonale repräsentiert wird. Da bei diesem Verfahren ohnehin alle Eckpunktkoordinaten der Flächen durchsucht werden müssen, können dabei in einem Arbeitsgang auch noch entsprechende Hüllquader um jede Fläche erzeugt werden.

Ein Problem bei achskonformen Hüllquadern ist die Konsistenz bei Maschinenbewegungen. Nach einer Veränderung der Maschinenstellung im Simulationsmodell und vor der daraus resultierenden Untersuchung der Maschinenkomponenten auf Durchdringungen im Modell ist eine Aktualiserung der Eckpunktkoordinaten der Hüllquader notwendig. Dabei genügt bei Translationsbewegungen von Maschinenteilen durchaus eine Bearbeitung der bereits gefundenen Koordinatenwerte, da bei Translationen, wie etwa das Verfahren des Werkzeugschlittens, die Ordnung der jeweiligen Flächeneckpunktkoordinaten in Bezug auf minimale und maximale Werte erhalten bleibt. Die aktuellen Werte lassen sich durch Addieren eines Translationsparamenters berechnen. Bei Überlappung der beiden Hüllquader zweier zu untersuchender Maschinenkomponenten kann der kollisionsgefährdete Raum bestimmt werden. Die Überlappung der beiden Hüllquader wird als der Kollisionsquader bezeichnet. Nur Flächen, deren Eckpunkte innerhalb des Kollisionsquaders liegen, müssen nach der Reduzierung auch mit Hilfe des Translationsparameters auf die neue Lage transformiert und genauer überprüft werden.

Bei einer Rotationsbewegung einer Maschinenkomponente wird die Ordnung der Punkte in Bezug auf Minimal- und Maximalwerte geändert und die Hüllquader müssen erneut gesucht werden.

Für den Ausschluß von Flächen auf der Basis von Hüllquadern erscheint es zweckmäßig, ein von Foley, Van Dam [13] und Harrington [19] als Minimax-Test bezeichnetes Prüfverfahren anzuwenden. Bereits durch einfache Vergleichsoperationen können durch diesen Test viele Flächen eleminiert werden bevor für eine genauere Überprüfung auf Kollision Flächenpaare mittels mathematischer Berechnungen auf Durchdringungen überprüft werden müssen, die sehr zeitintensiv sind.

Der Minimax-Test wird dabei zweimal angewendet. Zunächst sind für alle Elemente der Werkzeugmaschine, die auf Kollisionen überprüft werden sollen, die minimalen bzw. maximalen Werte der x-, y- und z-Koordinate zu berechnen. Die dadurch definierten Hüllquader ergeben eine grobe Näherung der Maschinenkomponenten. Für einen schnellen Vergleich auf Überlappung seien die Hüllquader durch die Raumdiagonale repräsentiert, deren erster Eckpunkt die minimalen und der zweite Eckpunkt die maximalen Koordinatenwerte des Hüllquaders angibt.

Sind zwei Elemente auf Durchdringung zu überprüfen, so werden im ersten Schritt der Flächenreduzierung die beiden Hüllquader (d.h. ihre Raumdiagonalen) auf Überlappung untersucht. Ergibt sich mindestens in einem Koordinatenbereich keine Überlappung, so kann auch eine Überschneidung der Flächen innerhalb der Quader ausgeschlossen werden. Treten dagegen Überlappungen sowohl in der *X*-, *Y*- als auch *Z*- Koordinate auf, so sind bestimmte Flächen genauer zu untersuchen.

Durch den Vergleich der Raumdiagonalen zweier Hüllquader die sich überlappen, läßt sich der Kollisionsquader ermitteln. Nur diejenigen Flächen der beiden zu untersuchenden Elemente, von denen mindestens ein Eckpunkt innerhalb dieses Kollisionsquaders liegt, sind einer weiteren Überprüfung auf Durchdringung zu unterziehen. Somit muß zunächst für jeden Flächeneckpunkt der jeweiligen Maschinenkomponente geprüft werden, ob dieser innerhalb des Kollisionsquaders liegt. Liegt ein Punkt innerhalb, so sind für Flächen mit diesem Eckpunkt weitere Untersuchungen notwendig.

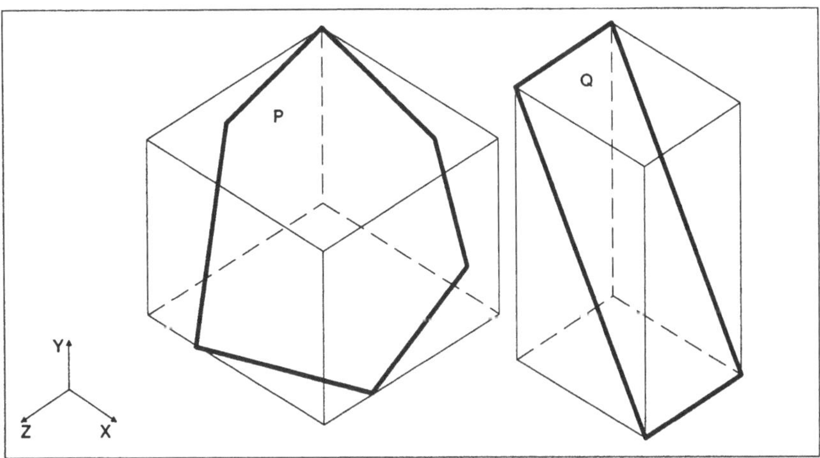

Bild 6.2: Minimax-Test zum Ausschließen von Flächen: Die Flächen P und Q können sich nicht durchdringen, da sich ihre Hüllquader nicht überlappen.

Die nach dem ersten Schritt der Reduzierung verbleibenden Flächen sind im zweiten Schritt durch ein nochmaliges Anwenden des Minimax-Tests zu vergleichen. Dieser Test vergleicht die Raumdiagonalen der Hüllquader der verbleibenden Flächen der jeweiligen Maschinenkomponenten paarweise, ohne dabei aufwendige Berechnungen durchführen zu müssen. Wie in Schritt 1 können dabei all jene Flächen zur weiteren Überprüfung ausgeschlossen werden, die sich mindestens in einer Koordinate nicht überlappen.

Diejenigen Flächen, die weder nach Schritt 1 noch nach Schritt 2 der Reduzierung der Flächenzahl ausgeschlossen werden konnten, sind mit einer genauen mathematischen Durchdringungsberechnung zu untersuchen.

6.2.2 Prioritätslisten

In [71] wird ein Verfahren zur Simulation von komplexen dreidimensionalen Bearbeitungssituationen in Werkzeugmaschinen vorgestellt. Dieses Verfahren ist prinzipiell auch zur Kollisionserkennung geeignet. Dabei werden die Körper nicht modelliert, sondern nach dem Erkennen einer Durchdringung wird mit einer Kollisionsmeldung abgebrochen.

Die Objekte werden in [71] unter anderem auch als Polyedermodelle im Simulationssystem abgebildet. Um das Durchdringungsgebiet schnell einzugrenzen, wird ein Verfahren basierend auf dynamischen Prioritätslisten entwickelt. Mit Hilfe einer Teilungsebene wird das Objekt in zwei Teile zerlegt. Die relative Lage der beiden Objektteile vor oder hinter der Teilungsebene wird durch den Normalenvektor der Teilungsebene, der vom Objekt nach außen zeigt, festgelegt. Werden in einem rekursiven Verfahren alle Flächen des Polyedermodells zu Teilungsebenen erklärt, so kann eine geometrische Ordnung aller Flächen zueinander hergestellt werden. Diese Ordnung ist in einem binären Baum zweiter Ordnung beschrieben. Der Baum wird in [71] als Binary Space Partitioning (BSP) bezeichnet. Durch die Teilung ist nach [71] mit einer Erhöhung der Flächenanzahl um den Faktor zwei bis drei zu rechnen. Im ungünstigsten Fall kann sich die Anzahl der Polygone quadratisch mit der Zahl der Flächen erhöhen.

Bei einer Modellierung werden die Flächen des Basiskörpers (Werkstück) als Teilungsebenen für den Verknüpfungskörper (Hüllvolumen des Werkzeuges) verwendet. Die entstehenden Durchdringungsflächen bei der Teilung des Verknüpfungskörpers mit allen relevanten Teilungsebenen werden an den BSP-Baum angehängt, so daß keine erneute Berechnung des kompletten Baumes für das aktualisierte Werkstück erforderlich ist.

In Bild 6.3 wird die Vorgehensweise für eine Modellierung dargestellt. Der Verknüpfungskörper wird von der Teilungsebene *TR1* in *TK1v* und *TK1h* aufgeteilt. *TK1v* ist für die weitere Modellierung nicht mehr relevant. Die Teilungsebene *TR2* bleibt ohne Einfluß. *TK1h* wird von der Teilungsebene *TR3* in *TK3v* und *TK3h* geteilt, wobei für die weiteren Schritte nur *TK3v* von Bedeutung ist. Die Teilung wird Fortgesetzt bis alle Durchdringungsflächen *Vi* ermittlet sind. Parallel dazu wird eine Aktualisierung der Polygone *Ri* durchgeführt, deren Ebenen den Verknüpfungskörper teilen.

Für eine Kollisionserkennung ist die Vorgehensweise bis auf die Berechnung der Durchdringungsflächen identisch. Es ist der aktualisierte BSP-Baum nach der Modellierung zu verwenden. Wird eine Durchdringung erkannt, kann mit einer Kollisionsmeldung abgebrochen werden.

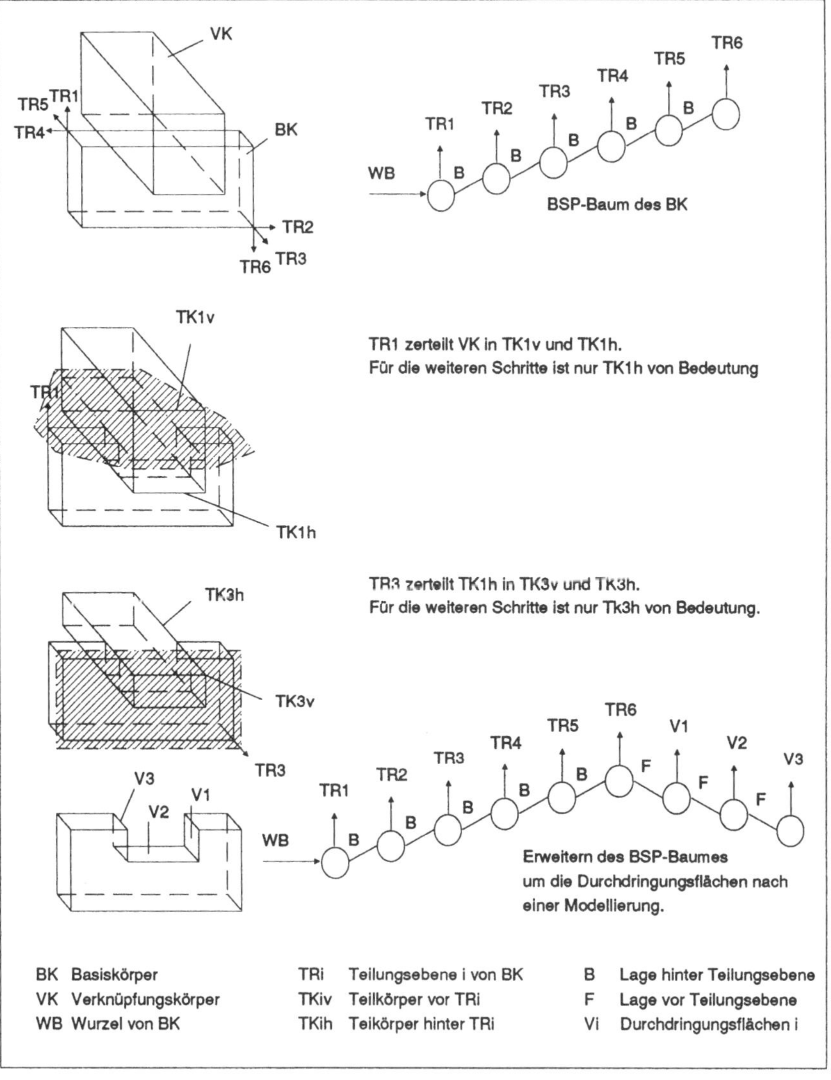

Bild 6.3: Ablauf der Modellierung mit Hilfe des BSP-Modells [71]. Für eine Kollisionserkennung ist der prinzipielle Ablauf der selbe. Wird dabei eine Durchdringung erkannt, kann mit einer Kollisionsmeldung abgebrochen werden.

6.2.3 Bewertung der Verfahren

Es folgt nun eine theoretische Bewertung der beschriebenen Verfahren für einen schnellen Zugriff auf die kollisionssrelevanten Flächen.

Wieviele Flächen nach einer Reduzierung jeweils für weitere exakte Untersuchungen verbleiben, hängt von der Maschinenstellung und vor allem von der Anzahl der Flächen ab, die zur Modellierung der jeweiligen Maschinenteile benötigt werden. Um dennoch eine Bewertung der verschiedenen Verfahren zu erhalten, werden diese anhand von konkreten Zahlen miteinander verglichen. Um eine Aussage über den Aufwand eines Verfahrens zu erhalten, werden die jeweils benötigten mathematischen Operationeno je Verfahren angegeben. Die verschiedenen Verfahren zur Reduzierung der Flächenanzahl sind:

- Paarweises Vergleichen aller Flächen der auf Kollision zu überprüfenden Maschinenteile, wobei alle Kanten der jeweiligen Flächen untereinander auf Überlappung geprüft werden (allgemeine Lösung).
- Paarweises Vergleichen aller Flächen, wobei jeweils die Raumdiagonalen der Flächenausdehnung auf Überlappung geprüft werden (schnelle allgemeine Lösung).
- Prüfung der Hüllquader von Maschinenteilen auf Überlappungen und anschließend genauere Untersuchung der noch gefährdeten Flächen innerhalb einer vorkommenden Überlappung (Kollisionsquader).
- Gerichtetes vorgehen anhand einer Prioritätsliste bei der Suche nach der Durchdringung von zwei Flächen (Prioritätslisten).

In der folgenden Betrachtung werden zwei Maschinenelemente, jeweils durch 200 Flächen modelliert, auf Kollision überprüft. Aus der Tatsache, daß die meisten Flächen vier bis fünf Eckpunkte haben, ergibt sich nach dem eulerschen Polyedersatz [7] eine Anzahl von etwa 450 Kanten und 250 Flächeneckpunkten je Maschinenelement. Anhand dieser Werte lassen sich die folgenden Berechnungen durchführen:

Allgemeine Lösung:

Prüfen zweier Kanten auf Überlappung im dreidimensionalen Raum, wobei jeweils die beiden Eckpunkte der Kanten miteinander verglichen werden.

Die vier Eckpunkte miteinander in X-, Y- und Z- Koordinate vergleichen ergibt:

$(2 \cdot 2) \cdot 3 = 12$ Koordinatenvergleiche

450 Kanten mit 450 Kanten auf Überlappung vergleichen ergibt also:

$(450 \cdot 450) \cdot 12 =$ **2 430 000** Koordinatenvergleiche

Schnelle allgemeine Lösung:

Vergleich der Eckpunkte einer Fläche (hier 5) untereinander in X-, Y- und Z- Koordinate, um die Raumdiagonale des Hüllquaders der Fläche zu ermitteln:

$(4 + 3 + 2 + 1) \cdot 3 = 30$ Koordinatenvergleiche

Ermittlung der Raumdiagonalen des Hüllquaders um jede Fläche eines Maschinenteils (bei 5 Eckpunkten pro Fläche):

$200 \cdot 30 = 6\,000$ Koordinatenvergleiche

200 Flächen mit 200 Flächen auf Überlappung der jeweiligen Raumdiagonalen überprüfen ergibt:

$(200 \cdot 200) \cdot 12 = 480\,000$ Koordinatenvergleiche

Zusammen ergibt dies für die schnelle allgemeine Lösung

$480\,000\ KV + (2 \cdot 6\,000)\ KV =$ **492 000** Koordinatenvergleiche.

Kollisionsquader:

Bestimmung der beiden Hüllquader durch Vergleich aller Eckpunkte der modellierenden Flächen je Maschinenteil in jeder Koordinate:

$(250 \cdot 3) \cdot 2 = 1\,500$ Koordinatenvergleiche

Ermittlung des Kollisionsquaders bei Überlappung der beiden Hüllquader mittels Überprüfung der beiden Raumdiagonalen auf Überlappung:

$(2 \cdot 2) \cdot 3 = 12$ Koordinatenvergleiche

Bestimmung der Flächeneckpunkte und somit derjenigen Flächen je Maschinenteil, die innerhalb dieses Kollisionsquaders liegen durchVergleich aller Eckpunkte der beiden Maschinenteile mit der Raumdiagonalen des Kollisionsquaders.

$(250 \cdot 2 \cdot 3) \cdot 2 = 3\ 000$ Koordinatenvergleiche

Zusammen ergibt sich bis hier ein Aufwand von

4 512 Koordinatenvergleichen.

Wieviele Flächen jeweils pro Maschinenteil innerhalb des Kollisionsquaders liegen, hängt von der Maschinenstellung und der Flächenanzahl pro Teilbeschreibung ab. Für die weiteren Berechnungen wird daher die Anzahl der Flächen, die innerhalb des Kollisionsquaders liegen, allgemein angegeben. Parameter a bezeichnet die Anzahl der Flächen des einen Maschinenteils, die noch innerhalb des Kollisionsquaders liegen, Parameter b die entsprechenden Flächen des zweiten Maschinenteils.

Ermittlung der Raumdiagonalen je verbleibender Fläche:

$a \cdot 30$ Koordinatenvergleiche
$b \cdot 30$ Koordinatenvergleiche

Überprüfen der Raumdiagonalen der verbleibenden Flächen beider Maschinenteile paarweise auf Überlappung ergibt:

$(a \cdot b) \cdot 12$ Koordinatenvergleiche

Bleiben nach dem Vergleich der beiden Hüllquader beispielsweise je Maschinenteil 50 Flächen zur weiteren Untersuchung übrig, ergibt sich ein Aufwand von:

4 512 KV Bestimmung der Flächen innerhalb des Kollisionsquaders
3 000 KV Ermittlung der Raumdiagonalen zu diesen Flächen
30 000 KV Überprüfung der Raumdiagonalen dieser Fläche auf Überlappung

Zusammen:

37 512 Koordinatenvergleiche

Somit benötigen für dieses Beispiel die einzelnen Verfahren jeweils an Vergleichsoperationen:

2 430 000 KV Allgemeine Lösung
492 000 KV Schnelle allg. Lösung
37 512 KV Überprüfung der Hüllquader

Die untersuchten Verfahren zur Reduzierung der Flächenanzahl unterscheiden sich damit erheblich. Die Überprüfung auf Überlappung von Hüllquadern, die jeweils ein gesamtes Maschinenteil annähern, ist in den Fällen sinnvoll, bei denen Flächen schon vor dem paarweisen Vergleichen auszuschließen sind. Im allgemeinen ist dies der Fall, da der Kollisionsquader nur ein kleiner Bereich des jeweiligen Hüllquaders ist. Die Zahl derjenigen Flächen, die nach diesen Vorüberprüfungen einer mathematischen Berechnung von Durchdringungen verbleiben, ist bei allen Lösungen gleich. Die Anzahl läßt sich im allgemeinen nicht bestimmen.

Prioritätslisten

Die Ermittlung der kollisionsrelevanten Flächen mit diesem Verfahren unterscheidet sich prinzipiell von der Vorauswahl auf Basis von Hüllquader, so daß ein direkter Vergleich nicht möglich ist. Ein Vergleich der erforderlichen Rechenleistungen erscheint jedoch sinnvoll.

Für diesen Vergleich werden wieder die in den obigen Beispielen verwendeten Maschinenelemente zugrunde gelegt. Dabei wird davon ausgegangen, daß der BSP-Baum bereits existiert und damit die Normalenvektoren der Flächen bekannt sind und daß sich bei der Berechnung des BSP-Baumes die Flächenanzahl nicht verändert.

Bei den weiteren Betrachtungen wird von einer Innenbearbeitung, z.B. einem Bohrvorgang auf einer Drehmaschine, ausgegangen.

Die Lage der Flächen des Verknüpfungskörpers zu den Teilungsebenen des Basiskörpers läßt sich mit Hilfe des Normalenvektors und der Punkte der Fläche leicht nach der Formel [64] berechnen:

$$d_i = (\overrightarrow{OTR_0} - \overrightarrow{OVK_i}) \cdot \overrightarrow{n_{TR_i}} \qquad \text{6.2.3 Gl.1}$$

wobei gilt:

TR_0	ein Punkt in der Teilungsebene TR_i,
VK_i	der zu untersuchende Eckpunkt des Verknüpfungskörpers VK,
$\overrightarrow{n_{TR_i}}$	Normalenvektor der Teilungsebene TR_i.

Hat der BSP-Baum keine Verzweigungen, was bei rotationssymmetrischen Teilen gegeben sein kann, so sind im ungünstigsten Fall alle Knoten des BSP-Baumes zu durchlaufen. Geht man weiter davon aus, daß bereits mit der ersten Teilungsebene 50% der Flächen des Verknüpfungskörpers ausgeschlossen werden können, so sind noch ca. 200 Teilungsebenen im Basiskörper und 100 Flächen mit 125 Punkten im Verknüpfungskörper vorhanden. Da jeder Punkt zu mehreren Flächen gehört, ist es sinnvoll, in einem ersten Schritt die Lage der Punkte zu der Teilungsebene zu bestimmen und anschliessend kollisionsrelevante Flächen zu betrachten. So reduziert sich der Aufwand für die Lagebestimmung der Punkte auf ca.

200 * 125 = **25000** Abstandsbestimmungen.

Der Aufwand für die Teilung des Verknüpfungskörpers und die Ermittlung von gefährdeten Flächen ist dabei nicht berücksichtigt.

Um die Verfahren miteinander vergleichen zu können, ist für einen Koordinatenvergleich und für eine Abstansbestimmung eine gemeinsame Einheit zu finden. Da die Kollisionsrechnung auf einem Mikrorechner durchgeführt werden soll, bietet sich hierfür die Ausführungszeit in Prozessorzyklen für die entsprechenden Befehle an. Die folgenden Angaben beziehen dich dabei auf einen Transputer T800 mit Gleitkommarechenwerk. Dieser Prozessor benötigt für einen Vergleich 5 Zyklen. Für eine Abstandsberechnung sind 3 Subtraktionen, 2 Additionen, 3 Multiplikationen und ein Vergleich für die Lage des Punktes in Bezug auf die Teilungsebene erforderlich. Insgesamt werden dafür 62 Zyklen benötigt.

Von den drei ersten Verfahren kommt wegen des deutlich geringeren Aufwandes nur das Verfahren mit dem Kollisionsquader in Frage. Ein Vergleich mit dem Prioritätslistenverfahren ergibt dabei für eine Vorauswahl der Flächen mit Hilfe des Kollisionsquaders

5 * 37512 = **187 560** Prozessorzyklen und

62 * 25000 = **1 550 000** Prozessorzyklen

für die für die Abstandsbestimmung mit Hilfe der Prioritätslisten.

Das Verfahren mit den Prioritätslisten ist stark vom Aufbau des BSP-Baumes und der aktuellen Bearbeitungssituation abhängig. Es ist zu erwarten, daß dieses Verfahren in vielen Fällen eine kürzere Rechenzeit benötigt, als das Hüllkörperverfahren. Längere Rechenzeiten sind vor allem bei Teilungsoperationen des Verknüpfungskörpers mit den Teilungsebenen des Basiskörpers oder wenn aufgrund der Bearbeitungssituation der BSP-Baum weitgehend oder sogar vollständig betrachtet werden muß, zu erwarten. Dieses Verfahren liefert nach Abschluß eine Eindeutige Aussage über Kollision oder Kollisionsfreiheit.

Ein wesenlicher Nachteil bei einer Mehrschlittenbearbeitung und dem dabei erforderlichen Kollisionstest der beiden Hüllvolumen der Werkzeuge gegeneinander ist, daß bei jedem Verfahrschritt der BSP-Baum eines Hüllvolumens neu generiert werden muß, da das Hüllvolumen von der ausgeführten Bewegung abhängig ist.

Das Kollisionsquaderverfahren hat, wenn ein Kollisionsquader existiert, eine relativ unabhängige Laufzeit von der Bearbeitungssituation. Die Laufzeit ist hier im wesentlichen proportional zu der Anzahl der Punkte der zu prüfenden Objekte. Nach Abschluß der Vorauswahl mit diesem Verfahren sind in der Regel noch einige Flächenpaare mathematisch exakt zu prüfen.

Das geeignetere Verfahren für das hier vorgestellte Kollisionsschutzsystem vor allem im Hinblick auf die zu erwartenden Worst Case-Rechenzeiten bei bestimmten Bearbeitungssituationen aufgrund der obigen Abschätzung und einer Kollisionsrechnung bei einer Mehrschlittenbearbeitung ist das Verfahren mit einer Vorauswahl mit Hilfe eines Kollisionsquaders.

6.3 Überprüfen von Flächen auf Durchdringungen

Nach der Reduzierung der auf Durchdringung zu überprüfenden Flächenanzahl gemäß Kapitel 6.2 bleiben zur weiteren Betrachtung diejenigen Flächen von Maschinenelementen übrig, die durch genaue mathematische Verfahren auf Kollisionen, dh. Überschneidungen überprüft werden müssen. Bis auf jene schon von vornherein eindeutigen Maschinenstellungen - etwa bei großer Entfernung zwischen Werkzeug und Werkstück - verbleiben eine Reihe von Flächen zur genauen Überprüfung. Die Anzahl der durch die Selektion nicht eliminierten Flächen ist dabei von der Maschinenstellung bzw. von der Genauigkeit der Flächenselektion abhängig. Flächen mit geringem Abstand voneinander und vor allem sich durchdringende Flächen können selbst durch mehrmaliges Verändern der Genauigkeitsstufe des Reduzierungsverfahrens nicht eliminiert werden. Daher ist es nach erfolgreichen Schritten der Flächeneliminierung sinnvoller, die verbleibenden Flächen von Maschinenelementen direkt mathematisch auf Überschneidungen zu überprüfen, anstatt Rechenzeit für weitere Selektionsschritte zu verbrauchen, die im Endeffekt wenig ergiebig sind.

Es verbleiben zur Durchdringungsüberprüfung die Flächen der Maschinenteile, die kollidieren oder einen geringen Abstand voneinander haben. Aufgabe der Kollisionserkennung ist es nun, die Flächen von Maschinenteilen zu ermitteln, die sich durchdringen bzw. berühren und somit eine Kollision beschreiben.

6.3.1 Zweidimensionaler Lösungsansatz

Eine der ersten Überlegungen ist, inwieweit es möglich ist, das dreidimensionale Problem in ein zweidimensionales zu projizieren, da Berechnungen in der Ebene um einiges schneller als im Raum sind.

Shamos und Hoey [77] sowie O'Rourke [67] beschreiben Algorithmen zur Berechnung von Schnitten verschiedener geometrischer Objekte in der Ebene. Die Überschneidung zweier Polygone mit jeweils n Kanten wird von Shamos und Hoey in einem Zeitverhalten von $n \log n$ ermittelt. Dabei ist aber zu berücksichtigen, daß einzelne vorbereitende Operationen (z.B. Sortieren) zeitaufwendig sind.

Naheliegend und einfach wäre die Projektion der Flächen in die Koordinatenebenen des gegebenen kartesischen Koordinatensystems. Bei Flächen, die einen geringen Abstand voneinander haben, können nun aber innerhalb der Projektionsebenen Überschneidungen auftreten, die in Wirklichkeit keine sind. Dies bedeutet, daß dem Gewinn an Rechenzeit in diesem Verfahren eine nicht aktzeptable Ungenauigkeit bei der Feststellung von Durchdringungen der Flächenpaare gegenübersteht.

Eine Projektionsebene, die für die individuelle Prüfung zweier Flächen auf Durchdringung bzw. Berührung geeignet ist, ist wahrscheinlich zur genauen Prüfung des nächsten Flächenpaares schon nicht mehr verwendbar. Die Ermittlung der jeweiligen Projektionsebene sowie die Projektion der betreffenden Flächeneckpunkte in diese Ebene sind aufwendig. Zwar kann nun jede Überscheidung von Flächen im Zweidimensionalen schnell bestimmt werden, die Gesamtrechenzeit solch eines Verfahrens ist aber für eine schnelle Kollisionsüberwachung zu lang.

Diese Erkenntnis führt dazu, die Überprüfung von Flächen auf Durchdringung bzw. Berührung im dreidimensionalen Raum durchzuführen.

6.3.2 Allgemeine Lösung der Berechnung von Durchdringungen

Viele Flächen im hier verwendeten Modell der Werkzeugmaschine sind von konvexer Gestalt. Die meisten davon haben nur vier bis fünf Ecken. Die Lösung der Überprüfung von Kollisionen einzelner Maschinenteile bzw. der sie beschreibenden Flächen erfaßt zunächst diese konvexen Flächen. Am Ende dieses Kapitels erfolgt dann eine Erweiterung auf Flächen nicht konvexer Gestalt.

Kollisionen im Arbeitsraum der Maschine sind gegeben, wenn sich Flächen von Maschinenteilen im dreidimensionalen Raum durchdringen oder einander berühren. Die zu untersuchenden Flächen können in ein und derselben Ebene oder in zwei unterschiedlichen Ebenen liegen. Falls die Flächen in ein und derselben Ebene liegen, so schneiden bzw. berühren sich bei Kollision die Kanten oder die eine Fläche wird von der zweiten umschlossen.

In der allgemeinen Lösung wird jede Kante einer Fläche P auf Durchdringung bzw. Berührung mit einer zweiten Fläche Q untersucht und umgekehrt. Als Kante einer Fläche wird die Strecke bezeichnet, deren Eckpunkte zwei aufeinanderfolgende Flächeneckpunkte sind. Die Flächeneck punkte müssen dabei derart sortiert sein, daß ein Verbinden der Kanten einen geschlossenen Streckenzug in der Ebene ergibt. Bei einem zusammenhängenden geschlossenen Streckenzug gehört jeder innere Punkt einer Strecke zu genau einer, jeder Eckpunkt einer Strecke zu genau zwei Strecken. Solche Streckenzüge werden als einfach-geschlossene Polygonzüge bezeichnet [64].

Als aktuelle Kante $\overline{AB}$ wird im folgenden diejenige Kante einer Fläche bezeichnet, die auf Durchdringung mit der jeweils anderen Fläche untersucht wird.

Für die folgenden Überlegungen sind es also die Kanten der Fläche P, die mit Fläche Q auf Schnitt verglichen werden.

Eine Durchdringung bzw. Berührung einer Kante $\overline{AB}$ der Fläche P mit Fläche Q ergibt sich, wenn:

a) die Gerade, auf der die Kante $\overline{AB}$ liegt, die Ebene von Fläche Q schneidet, und

b) der Schnittpunkt ein innerer Punkt der Kante ist oder mit einem der beiden Kanteneck- punkte identisch ist.

Ist a) nicht erfüllt, so verläuft die Gerade und somit auch Kante $\overline{AB}$ parallel zu Fläche Q. Trifft b) nicht zu, liegen beide Kanteneckpunkte und somit die gesamte Kante auf ein und derselben Halbraumseite der orientierten Ebene zu Fläche Q.

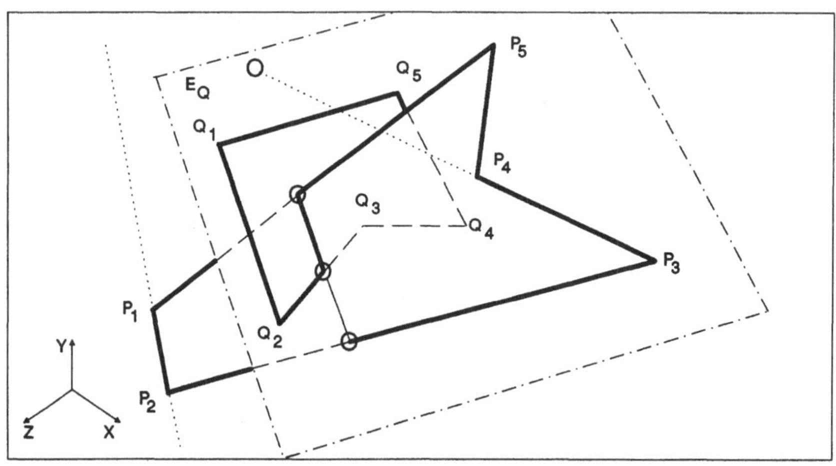

Bild 6.4: Fläche P durchdringt Fläche Q. Die Gerade der Kante $\overline{P_1P_2}$ verläuft parallel zur Ebene E_Q der Fläche Q. Die Gerade der Kante $\overline{P_1P_2}$ verläuft parallel zu Ebene E_Q der Fläche Q. Die Gerade der Kante $\overline{P_3P_4}$ scneidet zwar die Ebene E_Q, der Schnittpunkt ist aber weder ein innerer Punkt noch ein Eckpunkt der Kante. Nur für die Schnittpunkte der Kanten $\overline{P_1P_5}$ bzw. $\overline{P_2P_3}$ ist a) und b) erfüllt.

$\overrightarrow{P_1P_2}$ bezeichne im folgenden den Vektor von Anfangspunkt P_1 nach Endpunkt P_2.

Gleichung der Geraden zur aktuellen Kante:

$$\overrightarrow{OX} = \overrightarrow{OA} + t \cdot \overrightarrow{AB} \qquad \text{6.3.2 Gl.1}$$

Ebenengleichung zu Fläche Q in Determinatenform [7]:

$$0 = \left| \overrightarrow{OX} - \overrightarrow{OP}_1, \overrightarrow{P_1P_2}, \overrightarrow{P_1P_3} \right| \qquad \text{6.3.2 Gl.2}$$

wobei gilt:

O Ursprung nicht in der Ebene Q

P_1, P_2, P_3 drei Eckpunkte von Fläche Q.

Eingesetzt ergibt sich für t:

$$t = \frac{\left| \overrightarrow{AP_1}, \overrightarrow{P_1P_2}, \overrightarrow{P_1P_3} \right|}{\left| \overrightarrow{AB}, \overrightarrow{P_1P_2}, \overrightarrow{P_1P_3} \right|}$$ 6.3.2 Gl.3

Ebenengleichung zu Fläche Q in Punkt-Normalenform [7]:

$$0 = (\overrightarrow{OX} - \overrightarrow{OP_1}) \cdot \overrightarrow{n_Q}$$ 6.3.2 Gl.4

wobei gilt:

P_1 ein Punkt in der Fläche Q

$\overrightarrow{n_Q}$ Normalenvektor zur Fläche Q.

Eingesetzt ergibt sich für t:

$$t = \frac{\overrightarrow{P_1A} \cdot \overrightarrow{n_Q}}{\overrightarrow{AB} \cdot \overrightarrow{n_Q}}$$ 6.3.2 Gl.5

Eine Bewertung der beiden Berechnungsmöglichkeiten zur Bestimmung eines Schnittpunktes in Verbindung mit einem Rechenzeitvergleich folgt in Kapitel 6.4.

Punkte einer Geraden nach 6.3.2 Gl.1, deren Parameterwerte t_s die folgende Ungleichung erfüllen, sind innere Punkte der aktuellen Kante $\overline{AB}$ bzw. identisch mit einem der beiden Eckpunkte.

$$0 \leq t_s \leq 1$$ 6.3.2 Gl.6

Nur wenn diese Ungleichung für Parameterwerte aus 6.3.2 Gl.3 bzw. 6.3.2 Gl.5 erfüllt ist, befindet sich der Schnittpunkt der Geraden (auf der die aktuelle Kante $\overline{AB}$ liegt) mit der Ebene von Fläche Q innerhalb bzw. auf einem der Eckpunkte der aktuellen Kante, die zu untersuchen ist. Nur in diesem Fall ist es notwendig, für den Schnittpunkt S_{ts}, wobei

$$\overrightarrow{OS_{ts}} = \overrightarrow{OA} + t_s \cdot \overrightarrow{AB}$$ 6.3.2 Gl.7

festzustellen, ob dieser auch die Fläche Q schneidet. Ein gemeinsamer Punkt einer Kante der ersten Fläche P mit der Ebene der zweiten Fläche E_Q bedeutet noch nicht einen Schnitt mit Q selbst. Die Fläche Q ist nur ein Teilbereich der Ebene E_Q und somit muß bei einem t_s,welches 6.3.2 Gl.6 erfüllt, eine genauere Berechnung erfolgen.

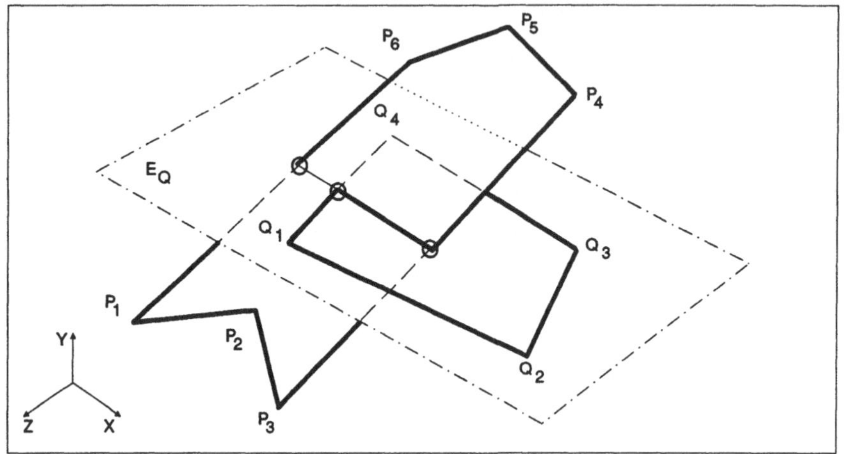

Bild 6.5: Die beiden Kanten $\overline{P_1P_6}$ und $\overline{P_3P_4}$ schneiden die Ebene E_Q. Allerdings nur die Kante $\overline{P_3P_4}$ durchdringt E_Q innerhalb der Fläche Q.

Bisher ist also bekannt, daß mehrere Kanten der ersten Fläche P mit der Ebene der zweiten Fläche E_Q je einen Schnittpunkt S_{ts} gemeinsam haben. Die nun folgenden Berechnungen beschäftigen sich damit, inwieweit ein betreffender Schnittpunkt innerhalb der Fläche Q selbst liegt.

Die erste Variante erhält das Ergebnis aus einem Vergleich der "gerichteten Abstände" des Schnittpunktes von den einzelnen Kanten der Fläche Q. Die zweite Möglichkeit erzielt das Ergebnis aus einem Vergleich von "Tetraedervolumina", welche für jede Kante von Q berechnet werden.

Abstandsberechnung eines Punktes zu den Kanten von Fläche Q

Für jede Kante der Fläche Q wird zunächst die Gleichung der Ebene E_i senkrecht zur Fläche Q in Punkt-Normalenform folgendermaßen aufgestellt [7]:

$$0 = \overrightarrow{OX} - \overrightarrow{OQ_i} \cdot \overrightarrow{n_i} \qquad \text{6.3.2 Gl.8}$$

wobei gilt:

Q_i	aktueller Kanteneckpunkt,
$\overrightarrow{n_i}$	Normalenvektor der aktuellen Kantenebene, der sich aus $\overrightarrow{n_Q} \times \overrightarrow{Q_iQ_{i+1}}$ ergibt,
$\overrightarrow{n_Q}$	Normalenvektor der Fläche Q,

$\overrightarrow{Q_iQ_{i+1}}$	aktueller Kantenvektor,
i	Index des aktuellen Flächeneckpunktes.

Bei dieser Berechung muß auf die Reihenfolge der Flächeneckpunkte geachtet werden. Die Eckpunkte müssen derart sortiert sein, daß ein Zusammenhängen der Kanten der Definition von einfach-geschlossenen Polygonzügen entspricht [64]. Diese Definition läßt zwei Möglichkeiten der Richtung eines Polygonzuges zu. Dabei kann der Normalvektor n_i der aktuellen Kantenebene entweder in Richtung der Fläche Q oder in die entgegengesetzte Richtung zeigen.

Mit Hilfe der 6.3.2 Gl.8 läßt sich der Abstand d_i eines Punktes zu einer Kantenebene E_i im Raum leicht berechnen:

$$d_i = (\overrightarrow{OX} - \overrightarrow{OQ_i}) \cdot \overrightarrow{n_i} \qquad \text{6.3.2 Gl.9}$$

Im vorliegenden Fall sind es die Schnittpunkte S_{ts} von Kanten der Fläche P mit der Ebene E_Q, die auf ihren Abstand zu den einzelnen Kantenebenen von Fläche Q untersucht werden. Dabei kann ein Schnittpunkt S_{ts} zu den orientierten Ebenen E_i jeweils eine der folgenden Positionen einnehmen:

a) im gleichen Halbraum der Fläche E_i,
b) in der Ebene E_i selbst,
c) im abgewandten Halbraum der Fläche E_i.

Nur wenn zu allen Kantenebenen E_i (wobei $i := 1,...,$ Anzahl der Eckpunkte von Fläche Q) für einen zu untersuchenden Schnittpunkt Kriterium a) oder b) erfüllt ist, steht fest, daß S_{ts} innerhalb der Fläche Q liegt. Dies bedeutet für alle Abstände d_i von S_{ts} zu den jeweiligen Kantenebenen E_i:

$$S_{ts} \text{ liegt in der Fläche } Q_i \text{ wenn gilt: } \begin{cases} d_i \geq 0 \text{ oder} \\ d_i \leq 0 \end{cases} \qquad \text{6.3.2 Gl.10}$$

Das Vorzeichen der Abstände hängt von der Richtung des Polygonzuges der Kantenvektoren der Fläche Q ab. Sobald eine Abstandsberechnung einen Wert d_i ergibt, der die 6.3.2 Gl.10 entsprechend der Polygonzugrichtung der Fläche Q nicht erfüllt, liegt der Schnittpunkt S_{ts} nicht im relevanten Halbraum zu den aktuellen Kantenebenen E_i (Kriterium c) und somit außerhalb der Fläche Q.

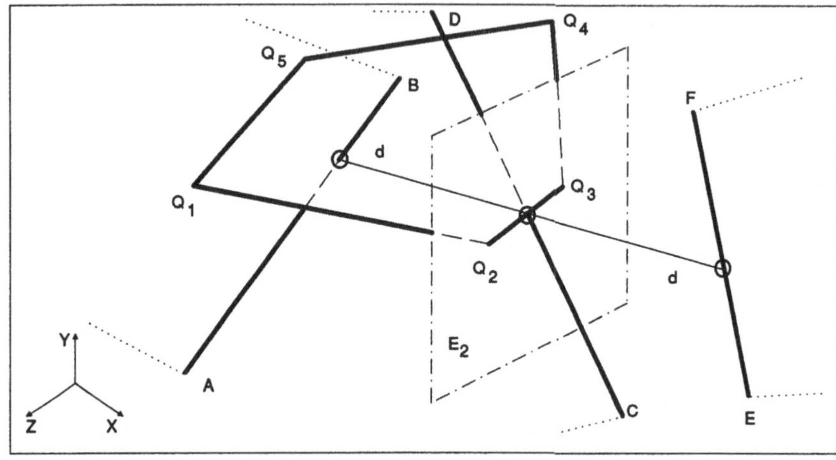

Bild 6.6: *Die möglichen Positionen eines Schnittpunktes (einer Strecke mit der Ebene von Fläche Q zu einer Ebene E_i einer Kante i der Fläche Q. Der Schnittpunkt der Kante $\overline{AB}$ erfüllt Kriterium a), der Schnittpunkt von Kante $\overline{CD}$ erfüllt Kriterium b) und der von Kante $\overline{EF}$ Kriterium c).*

Berechnung mittels Tetraedervolumina

Die zweite Lösung ergibt sich aus einem Vergleich der Vorzeichen von Tetraedervolumina. Dabei wird das Volumen eines Tetraeders mit den Eckpunkten P_1, P_2, P_3 und P_4 nach folgender Formel berechnet [7]:

$$V = \frac{1}{6} \cdot \left| \overrightarrow{P_1P_2}, \overrightarrow{P_1P_3}, \overrightarrow{P_1P_4} \right| \qquad \text{6.3.2 Gl.11}$$

Das Volumen des Teraeders ist positiv, wenn das Vektortripel $\overrightarrow{P_1P_2}, \overrightarrow{P_1P_3}, \overrightarrow{P_1P_4}$ die gleiche Orientierung wie das Koordinatensystem hat.

Für alle Kanten $\overline{Q_iQ_{i+1}}$ (mit $i := 1,...,$ Anzahl der Flächeneckpunkte) der Fläche Q wird anhand 6.3.2 Gl.11 nacheinander das Volumen V_i des Tetraeders mit den vier Eckpunkten O, Q_i, Q_{i+1} und S_{ts} berechnet:

$$V_i = \frac{1}{6} \cdot \left| \overrightarrow{OQ_i}, \overrightarrow{OQ_{i+1}}, \overrightarrow{OS_{ts}} \right| \qquad \text{6.3.2 Gl.12}$$

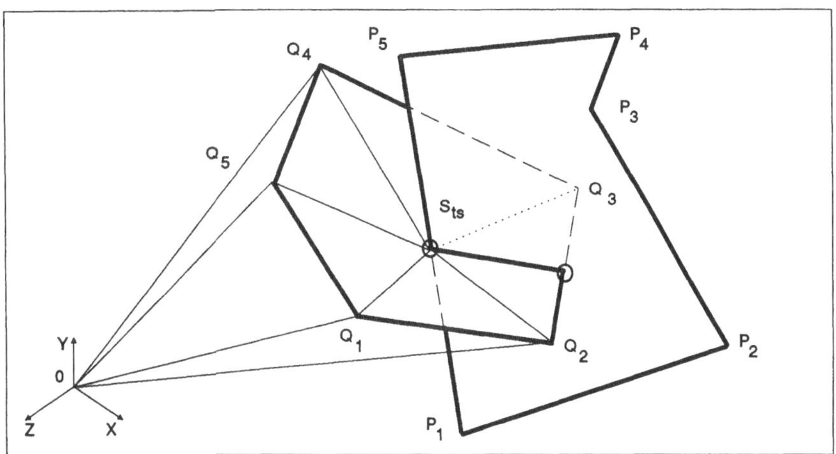

Bild 6.7: Tetraeder, deren Voluminavorzeichen zur Bestimmung der Position eines Schnittpunkts S_{ts} der Kante $\overrightarrow{P_1P_5}$ von Fläche P mit der Ebene E_Q verglichen werden.

Bei gleichbleibender Orientierung der jeweiligen Vektortripel zur Volumenberechnung der Tetraeder ergeben sich für alle Volumina V_i gleiche Vorzeichen. Ändert sich das Vorzeichen eines Volumenwertes, hat sich auch die Orientierung des Vektortripels geändert. Dies bedeutet, daß der Schnittpunkt S_{ts} außerhalb der entsprechenden Kante $\overline{Q_iQ_{i+1}}$ der Fläche Q liegt. Bereits der erste Vorzeichenwechsel eines V_i im Vergleich zum Volumen V_{i-1} des vorher berechneten Tetraedervolumens genügt also für die Feststellung, daß sich der Schnittpunkt S_{ts} nicht innerhalb der Fläche Q befindet.

Eine Bewertung der beiden Berechnungsmöglichkeiten folgt in Kapitel 6.4.

Alle bisherigen Berechnungen der Überprüfung von Flächen auf Durchdringung oder Berührung bezogen sich auf den Fall, daß die Flächen in verschiedenen Ebenen liegen. Dies machte die Berechnung im Dreidimensionalen notwendig.

Im Falle identischer Flächen-Ebenen läßt sich das Überschneidungsproblem auf ein Problem in der Ebene reduzieren. Dabei können sogar die Projektionen der beiden Flächen in einer der Koordinatenebenen zur Untersuchung betrachtet werden, die einfach zu ermitteln sind, ohne dabei Informationen über Schnitte zu verlieren.

Zwei Flächen schneiden sich in der Ebene, wenn sich Strecken zwischen zwei aufeinanderfolgenden Eckpunkten untereinander paarweise schneiden oder berühren. Ein Verfahren zur Erken-

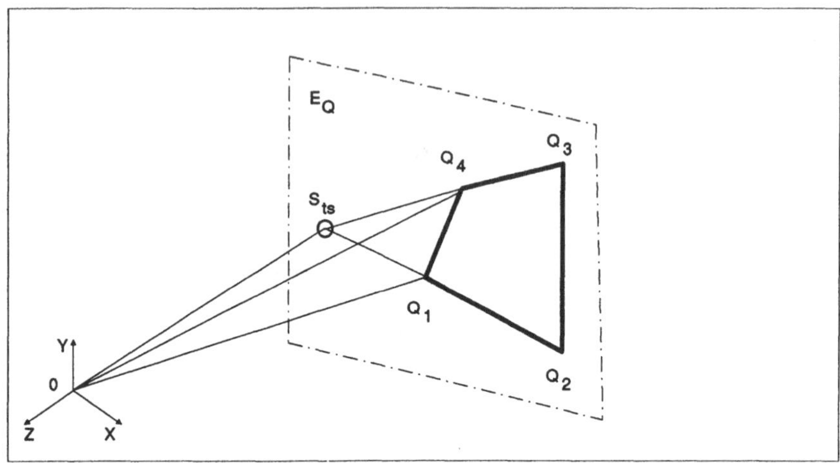

Bild 6.8: *Das Vektortripel* $\overrightarrow{Q_4Q_1}$, $\overrightarrow{Q_4S_{ts}}$, $\overrightarrow{Q_4O}$ *hat eine andere Orientierung wie die Tripel zu den restlichen drei Kanten, wie z.B.* $\overrightarrow{Q_1Q_2}$, $\overrightarrow{Q_1S_{ts}}$, $\overrightarrow{Q_4O}$. *Somit hat das Volumen des Tetraeders mit den Eckpunkten* Q_1, Q_4, S_{ts} *und* O *ein anderes Vorzeichen als die drei anderen Tetraedervolumina. Punkt* S_{ts} *liegt daher außerhalb von Fläche* Q.

nung der Überschneidung von Strecken beruht auf der Tatsache, daß bei Überschneidung die Eckpunkte einer Strecke auf gegenüberliegenden Seiten der jeweilngen anderen Strecke liegen müssen. Dies läßt sich über die Abstandsberechnung eines Punktes zu einer Geraden (Gleichung der Geraden gegeben in Hessescher Normalform [7]) ermitteln. Bei Schnitten haben die Abstände der Streckeneckpunkte zur Geraden unterschiedliches Vorzeichen bzw. der Abstand eines Eckpunktes ist gleich 0 bei Berührung der Strecken. Liegen beide Strecken auf einer Geraden müssen die vier Eckpunkte zueinander betrachtet werden, da in diesem Fall der Wert des Abstandes aller vier Eckpunkte gleich 0 ist.

Um nicht alle Strecken der beiden zu untersuchenden Flächen untereinander in dieser aufwendigen Weise auf Schnitt vergleichen zu müssen, ist es zweckmäßig, den schon in Kapitel 6.2 beschriebenen Minimax-Test [13, 19] vor der Berechnung der einzelnen Abstände anzuwenden.

Sinnvoll ist, den Minimax-Test zunächst unter Einbeziehung aller Eckpunkte einer Fläche durchzuführen. Überlappen sich die jeweiligen Intervalle der minimalen bis maximalen X- bzw. Y- Werte der Eckpunkte der beiden Flächen nicht, kann auch kein Schnitt vorkommen.

Nur wenn sich diese Hüllrechtecke der Flächen überlappen, ist eine genauere Untersuchung notwendig. Bevor aber die Schneidung von Streckenpaaren einzeln berechnet werden, ist es sinnvoll, den Minimax-Test noch einmal jeweils mit den zwei Eckpunkten einer Strecke durchzuführen. Wenn nun eine Überlappung bei Streckenpaaren auftritt, ist die Berechnung der Abstände zur Ermittlung von Schnitten unumgänglich.

Der Vorteil dieses Tests liegt darin, daß er nur aus einfachen Vergleichsoperationen besteht. Vor einer aufwendigeren Berechnung von Abständen kann eine Vielzahl von Strecken vernachlässigt werden. Auch die auf einer Geraden liegenden Strecken sind durch den Minimax-Test leicht auf Überlappung zu prüfen.

Die Frage nach Lage der Eckpunkte einer Fläche zur Ebene der jeweiligen anderen Fläche macht allerdings einen Vortest notwendig. Dadurch ist die Position der einzelnen Eckpunkte P_i einer Fläche P zur orientierten Ebene E_Q der anderen Fläche Q zu ermitteln. Durch Abstandsberechnungen lassen sich die Abstände d_i der Eckpunkte P_i zu einer Ebene im Raum ermitteln [64]:

$$d_i = \vec{OQ}_0 - \vec{OP}_i \cdot \vec{nQ} \qquad \text{6.3.2 Gl.13}$$

wobei gilt:

Qo	ein Punkt in Ebene Q,
Pi	der zu untersuchende Eckpunkt der Fläche P,
$\vec{nQ}$	Normalenvektor der Ebene Q.

P_i kann zur orientierten Ebene von Fläche Q nur eine der drei folgenden Positionen einnehmen:

a) im positiven Halbraum zur Ebene,
b) in der Ebene selbst,
c) im negativen Halbraum zur Ebene.

Für den Wert des Abstandes di ergibt sich je nach gerichteten Abstand von P_i zur Ebene:

liegt P_i im positiven Halbraum	$di > 0$,
liegt P_i in der Ebene selbst	$d_i = 0$,
liegt P_i im negativen Halbraum	$d_i < 0$.

Nur wenn alle Eckpunkte P_i Kriterium b) erfüllen, liegen beide Flächen in derselben Ebene. Natürlich gilt in diesem Fall auch für den Abstand aller Eckpunkte Q_i von Fläche Q zur orientieten Ebene Ep von Fläche P die Bediengung b).

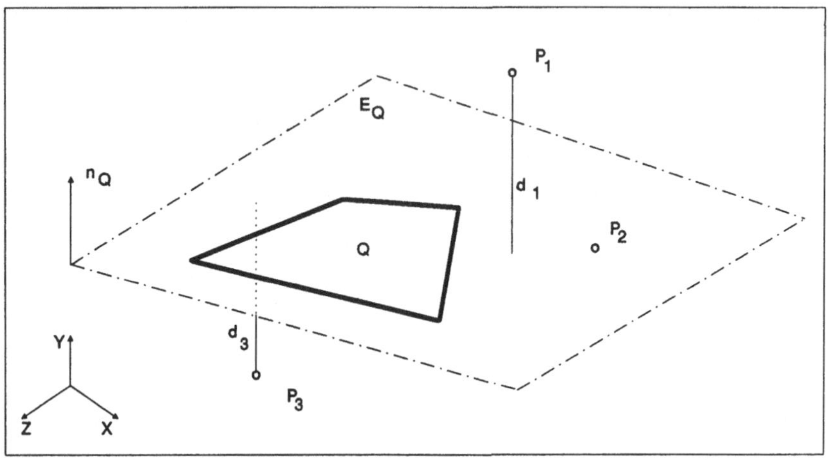

Bild 6.9: Die möglichen Positionen eines Punktes zur orientierten Ebene E_Q. Punkt P_1 hat einen positiven Abstand zur Ebene (d_1), P_3 einen negativen (d_3) und für Punkt P_2 ist der Abstand gleich 0.

6.3.3 Verbesserungen im Hinblick auf Rechenzeit

In der allgemeinen Lösung wird beim Vergleich zweier Flächen auf Durchdringung jede Kante der einen Fläche auf Schnitt mit der zweiten Fläche untersucht (bei Lage in unterschiedlichen Ebenen). Eine Überprüfung aller Kanten einer Fläche ist jedoch nicht unbedingt notwendig.

Als Beispiel werden zwei konvexe Flächen mit jeweils vier Eckpunkten betrachtet. Von den vier Kanten der beiden Flächen schneiden nur zwei Kanten einer Fläche die Ebene der jeweiligen anderen Fläche.

In allen Fällen ergeben sich bei Überschneidungen der Flächen gefährdete und nicht gefährdete Kanten. Gefährdete Kanten schneiden die Ebene der jeweiligen auf Durchdringung zu überprüfenden Fläche und müssen noch auf Schnitt mit der Fläche selbst, die innerhalb der Ebene liegt, untersucht werden. Nicht gefährdete Kanten verlaufen entweder parallel zur Flächen-Ebene oder beide Kanteneckpunkte liegen im gleichen Halbraum der orientierten Flächen-Ebene und somit auch die Kante selbst. Für diesen Fall ist eine weitere Überprüfung nicht mehr notwendig.

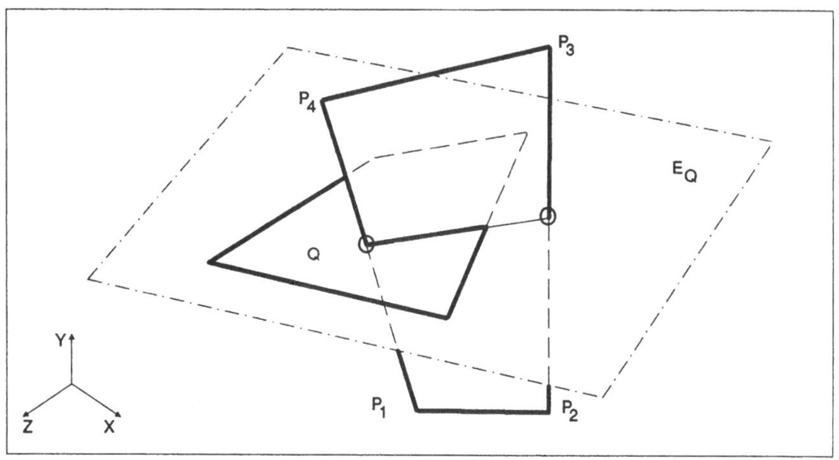

Bild 6.10: Von Fläche P schneiden nur die beiden Kante $\overline{P_2P_3}$ und $\overline{P_4P_1}$ die Ebene E_Q in der Fläche Q liegt.

Durch die Abstandsberechnung aller Eckpunkte einer Fläche zur orientierten Ebene der jeweiligen anderen Fläche nach 6.3.2 Gl.13 erhält der Kantenvortest seine notwendigen Informationen. Die Punkte erhalten je nach gerichtetem Abstand zur orientierten Ebene eine Zusatzinformation:

+	für Position im positiven Halbraum
0	für Position in der Ebene selbst
-	für Position im negativen Halbraum

Beispiele:

P_i	P_{i+1}	Kante gefährdet?
+	+	nein
+	0	ja
+	-	ja
0	0	ja
0	-	ja
-	-	nein
-	+	ja

Durch diese Information ist die Unterteilung in gefährdete und nicht gefährdete Kanten möglich. Ein Wechsel dieser Information zwischen den Eckpunkten P_i und P_{i+1} zeigt an, daß die Kante $\overline{P_iP_{i+1}}$ gefährdet ist.

Dieser Vortest der Kanten reduziert die Rechenzeit der eigentlichen Durchdringungsüberprüfung. Bei dem vorherigen Beispiel der Flächen mit vier Eckpunkten etwa um Faktor 2. Ausführlichere Untersuchungen zur Rechenzeit sind in Kapitel 6.4 nachzulesen.

Von Vorteil bei diesem Verfahren ist, daß die Menge der zu untersuchenden Kanten verkleinert wird. Das Problem der Kollisionerkennung liegt darin, eine Durchdringung möglichst schnell festzustellen. Für den Flächenvergleich bedeutet dies, schnell die Kante einer Fläche zu finden, die die zweite Fläche durchdringt. Eine Suche in der Menge der gefährdeten Kanten führt dabei sicher schneller zum Ziel, als alle Kanten zu untersuchen.

Die Unterteilung der Kanten in gefährdete und nicht gefährdete ermöglicht nun auch eine Untersuchung nicht konvexer Flächen auf Überschneidungen. Diese Flächen sind dadurch gekennzeichnet, eine Ebene eventuell mit mehr als nur zwei Kanten (konvexer Fall) zu durchdringen.

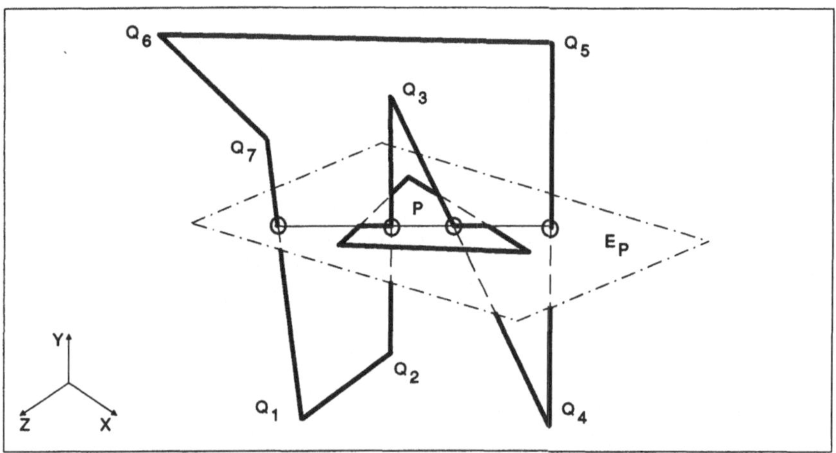

Bild 6.11: Insgesamt vier Kanten von Fläche Q durchdringen die Ebene E_P. Dadurch ergeben sich zwei Bereiche der Fläche Q, die die Ebene schneiden. Zum einen der Flächenteil, der durch die Kanten $\overline{Q_7Q_1}$ und $\overline{Q_2Q_3}$ begrenzt ist und zum anderen der Teil, der durch die Kanten $\overline{Q_3Q_4}$ und $\overline{Q_4Q_5}$ begrenzt ist.

Im folgenden werden als Durchdringung die Teile einer nicht konvexen Fläche bezeichnet, die durch einen Halbraumwechsel gekennzeichnet ist. Somit sind mehr als eine Durchdringung der nicht konvexen Fläche mit einer Ebene möglich. Ein durchdringender Bereich der Fläche wird jeweils durch zwei gefährdete Kanten begrenzt, deren Eckpunkte verschiedene Lage zur Ebene haben (siehe Bild 6.11). Dabei gilt folgendes:

wechseln die Eckpunkte der einen Kante von + nach -, so
wechseln die Eckpunkte der anderen Kante von - nach +

oder umgekehrt. Eventuell dazwischenliegende Kanten der Fläche sind nicht gefährdet.

Bei mehrmaliger Durchdringung einer Ebene durch die zu untersuchende Fläche (d.h. mehr als zwei Kanten schneiden die Ebene) wird die Anzahl der Durchdringungen gezählt. Diese Durchdringungszahl der nicht konvexen Fläche mit der Ebene, in der die zu vergleichende Fläche liegt, ermöglicht den vollständigen Vergleich der beiden Flächen auf Schnitt. Eine Kante, die auf Durchdringung mit einer nicht konvexen Fläche überprüft werden soll, kann diese nur in einem der Durchdringungsbereiche schneiden. Bei Berechnung mit den bisherigen Methoden treten dabei Fehler auf.

Angenommen die nicht konvexe Fläche hat zwei Durchdringungen mit der zu untersuchenden Flächen-Ebene. Nun wird eine Kante der Fläche, die in der Ebene liegt, auf Durchdringung mit der nicht konvexen Fläche untersucht. Eine Überprüfung im ersten Durchdringungsbereich der nicht konvexen Fläche ergibt keinen Schnittpunkt. Nun ist aber bekannt, daß noch ein weiterer Durchdringungsbereich der Fläche existiert, mit dem die Kante noch überprüft werden muß. Ein möglicher Schnittpunkt innerhalb der zweiten Durchdringung wird somit erkannt.

Diese aufwendige Berechnung ist nur bei der Überprüfung zweier nicht konvexer Flächen nötig. Überprüft man eine nicht konvexe mit einer konvexen Fläche, so ergibt sich ein möglicher Schnitt aus der Untersuchung der gefährdeten Kanten der nicht konvexen Fläche. Bei nicht konvexen Flächen muß eine gefährdete Kante mit allen Durchdringungsbereichen der Fläche auf Schnitt geprüft werden.

6.4 Qualitätsbewertung der vorgestellten Verfahren

Bei der Durchdringungsüberprüfung von Flächen in Kapitel 6.3 wurden für einzelne Lösungsschritte verschiedene Berechnungsmöglichkeiten angegeben. Zum Beispiel das Problem, ob ein Schnittpunkt einer Flächenkante mit einer Ebene auch innerhalb der Fläche liegt, die sich in dieser Ebene befindet, konnte durch zwei verschiedene Verfahren gelöst werden. Das erste verglich die gerichteten Abstände des Schnittpunktes zu den Kantenebenen und das zweite Verfahren verglich Tetraedervolumina miteinander. Die unterschiedlichen Lösungen müssen noch im Hinblick auf ihre Rechenzeitverhalten untersucht werden.

Die einzelnen Algorithmen wurden zum Vergleichen des unterschiedlichen Rechenzeitbedarfs auf einem IBM/AT in der Programmiersprache Turbo Pascal erstellt. Dabei sind nicht so sehr die ermittelten Rechenzeiten als vielmehr die Zeitunterschiede der Verfahren von Bedeutung.

Zur Berechnung eines Schnittpunktes einer Geraden mit einer Ebene wurden zwei Lösungsverfahren vorgestellt. Im ersten Fall ist die Gleichung der Ebene im Raum in Determinantenform, im zweiten Fall in Punkt-Normalenform gegeben.

Die Berechnung des Schnittpunktes über die Determinantenform benötigt nach der 6.3.2 Gl.3 $t = \frac{\left|\overrightarrow{AP_1}, \overrightarrow{P_1P_2}, \overrightarrow{P_1P_3}\right|}{\left|\overrightarrow{AB}, \overrightarrow{P_1P_2}, \overrightarrow{P_1P_3}\right|}$ eine Rechenzeit von etwa **11,052** Millisekunden.

Bei einer Berechnung des Schnittpunktes mit der Ebenengleichung in Punkt-Normalenform nach der 6.3.2 Gl.5 $t = \frac{\overrightarrow{P_1A} \cdot \overrightarrow{n_Q}}{\overrightarrow{AB} \cdot \overrightarrow{n_Q}}$ ergeben sich insgesamt etwa **6,146** Millisekunden.

Der Vergleich der beiden Schnittpunkt-Berechnungsmöglichkeiten ergibt, daß die Lösung mit der Ebenengleichung in Punkt-Normalenform fast um Faktor 2 schneller ist, als die Lösung mit der Determinantenform.

Nachdem nun der Schnittpunkt einer Geraden (auf der eine Flächenkante liegt) mit der Ebene (in der die schneidende Fläche liegt) gefunden wurde, muß geprüft werden, ob dieser Punkt innerhalb der Ebene liegt. Das Ergebnis ist einerseits über eine Abstandsberechnung zu den Kanten der Fläche (bzw. zu Ebenen senkrecht zur Fläche in denen die jeweilige Kante liegt), andererseits über einen Tetraedervolumenvergleich je Kante zu erhalten.

Bei der Abstandsberechnung eines Punktes zu einer Ebene im Raum nach 6.3.2 Gl.9 $d_i = (\overrightarrow{OX} - \overrightarrow{OQ_i}) \cdot \overrightarrow{n_i}$ beträgt die Rechenzeit ca. **4,182** Millisekunden.

Zur Berechnung des Tetraedervolumens nach 6.3.2 Gl.11 $V = \frac{1}{6} \cdot \left|\overrightarrow{P_1P_2}, \overrightarrow{P_1P_3}, \overrightarrow{P_1P_4}\right|$ werden **4,614** Millisekunden benötigt.

Die beiden Methoden unterscheiden sich nur unwesentlich in der Anzahl der benötigten mathematischen Operationen und somit auch an Rechenzeitbedarf.

In Kapitel 6.3.3 wird eine Verbesserung der Durchdringungsüberprüfung vorgestellt, deren Qualität noch zu untersuchen ist. Dabei handelt es sich um die Berechnung der gerichteten Abstände der einzelnen Eckpunkte einer Fläche zu der Ebene, in der die auf Durchdringung zu prüfende Fläche liegt. Durch dieses Verfahren konnten diejenigen Kanten einer Fläche ermittelt werden, die für eine Prüfung auf Durchdringung bzw. Berührung überhaupt in Betracht kommen. Im den Beispielen wird das Verfahren mit vorheriger Ermittlung der gefährdeten Kanten durch die gerichteten Abstände als Lösung 2 gekennzeichnet. In der allgemeinen Lösung 1 werden alle Kanten der Fläche *P* ohne Voruntersuchung auf Schnitt mit der Ebene *Q* getestet.

Die Leistungsfähigkeit dieser beiden Verfahren wird anhand von zwei Beispielen verglichen.

Beispiel 1:

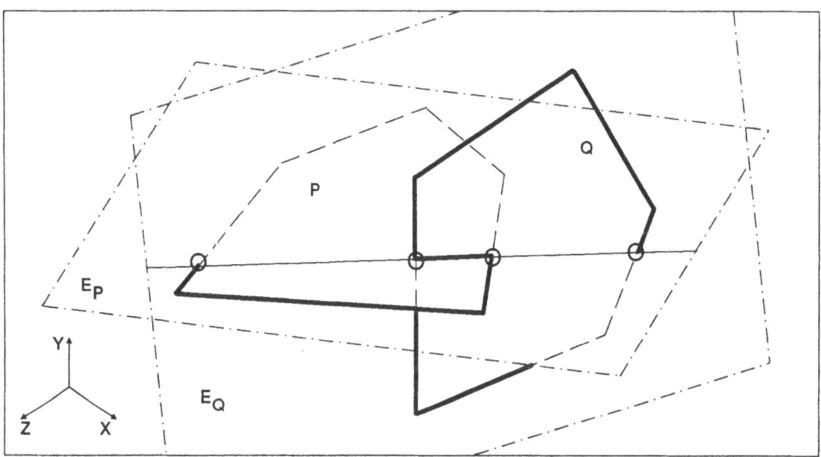

Bild 6.12: Von Fläche P und Q schneiden jeweils zwei Kanten die Ebene der zweiten Fläche und einer Kante die Fläche selbst.

Zwei n-eckige Flächen sind auf Durchdringung zu überprüfen. Jeweils zwei Kanten einer Fläche schneiden die Ebene der zwei Flächen und je eine dieser beiden Kanten schneidet die Fläche selbst, die innerhalb der Ebene liegt.

Bei der Ermittlung des unterschiedlichen Rechenzeitbedarfs der beiden Lösungen werden jeweils zwei Flächen mit 3, 4, 5, 6 bzw. 7 Eckpunkten auf Durchdringung überprüft. Die Anzahl der schneidenden Kanten pro Fläche bleibt jedoch in allen Fällen gleich (zwei Kanten schneiden die Ebene der Fläche, wobei jeweils eine Kante die Fläche selbst durchdringt).

Algorithmus I berechnet alle vorkommenden Durchdringungen, Algorithmus II rechnet nur solange, bis die erste Durchdringung bzw. Berührung einer Kante erkannt wird. Die Berechnungen werden für den schlechtesten Fall durchgeführt. Dies bedeutet, jeweils die letzte mögliche Kante, die in der entsprechenden Lösung zu betrachten ist, schneidet die Fläche. Insbesondere im Algorithmus II können Fälle vorkommen, bei denen bereits nach der ersten zu untersuchenden Kante abgebrochen wird. Davon kann im allgemeinen aber nicht ausgegangen werden.

Die Einheit der gemessenen Zeiten beträgt 10 Millisekunden.

Algorithmus I:

	3x3	4x4	5x5	6x6	7x7
Lösung 1	4,91	5,96	7,49	9,47	11,26
Lösung 2	2,44	3,11	6,07	6,67	7,39

Algorithmus II:

	3x3	4x4	5x5	6x6	7x7
Lösung 1	2,42	2,8	3,71	4,5	5,24
Lösung 2	1,82	2,25	3,50	4,10	4,83

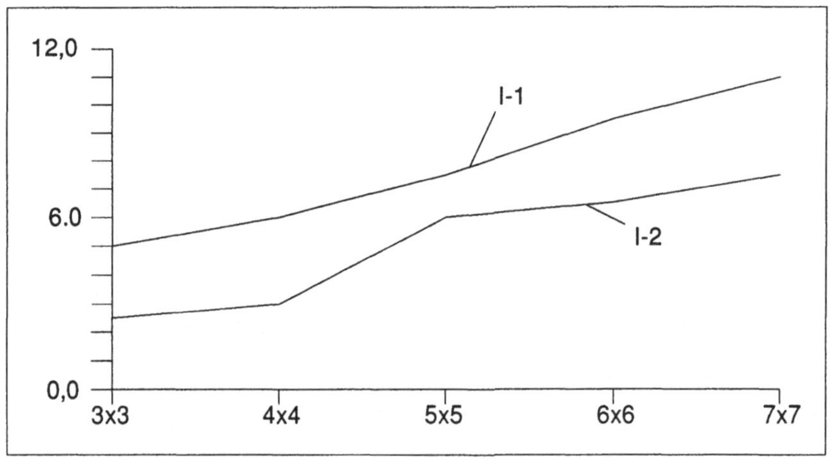

Bild 6.13: Benötigte Rechenzeiten der beiden Lösungsverfahren bei Berechnung aller Durchdringungen. (I-1: Algorithmus I, Lösung 1; I-2: Algorithmus I, Lösung 2)

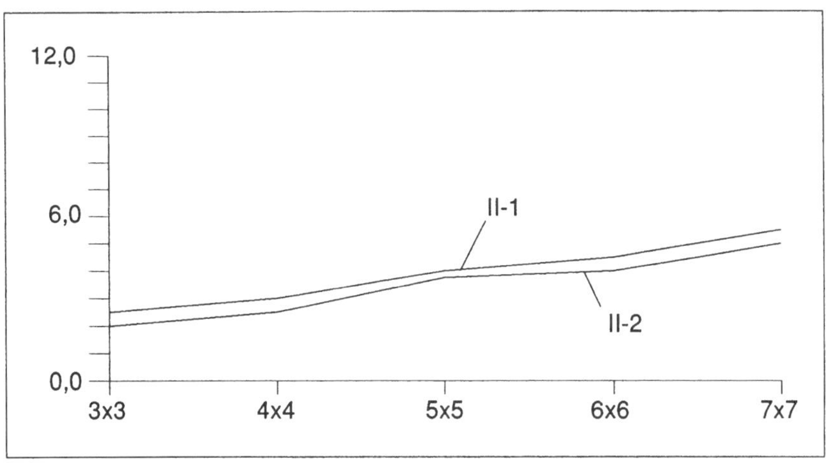

Bild 6.15: Benötigte Rechenzeit der Verfahren bei Berechnung bis zur ersten festgestellten Durchdringung. (II-1: Algorithmus II, Lösung 1; II-2: Algorithmus II, Lösung 2)

Beispiel 2:

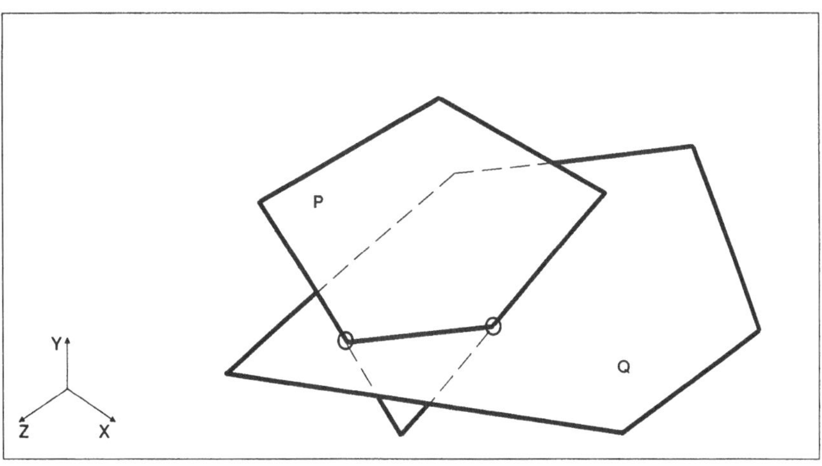

Bild 6.14: Nur zwei Kanten der Fläche P durchdringen Fläche Q. Die Kanten von Fläche Q durchdringen bzw. berühren Fläche P nicht.

Zwei n-eckige (3, 4, 5, 6, 7) Flächen werden auf Durchdringung überprüft. Jeweils zwei Kanten der einen Fläche schneiden die Ebene der anderen Fläche. Jedoch nur eine der beiden Flächen wird von den Kanten der zwei Flächen geschnitten.

Zum Aufwand an mathematischen Operationen siehe vorheriges Beispiel.

Für dieses Beispiel ergeben sich folgende Rechenzeiten der beiden Algorithmen:

Algorithmus I:

	3x3	4x4	5x5	6x6	7x7
Lösung 1	4,34	6,15	7,09	8,95	10,93
Lösung 2	2,47	3,49	4,26	5,3	6,72

Algorithmus II:

	3x3	4x4	5x5	6x6	7x7
Lösung 1	1,56	4,10	5,38	6,5	8,15
Lösung 2	1,84	2,25	2,69	3,28	4,15

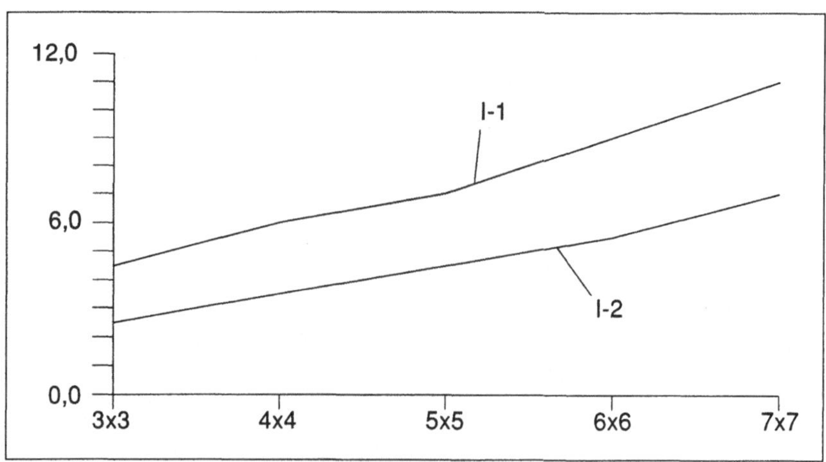

Bild 6.16: Benötigte Rechenzeit bei Berechnung aller Durchdringungen. (I-1: Algorithmus I, Lösung 1; I-2: Algorithmus I, Lösung 2)

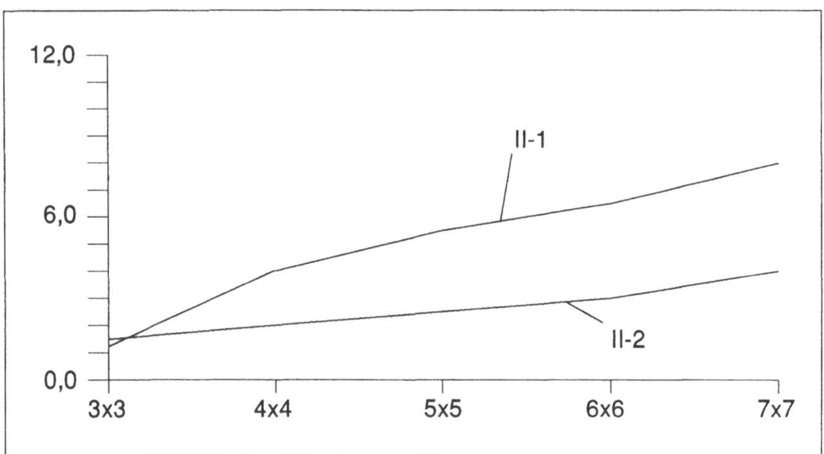

Bild 6.17: Benötigte Rechenzeit bei Berechnung bis zur ersten festgestellten Durchdringung. (II-1: Algorithmus II, Lösung 1; II-2: Algorithmus II, Lösung 2)

Es zeigt sich, daß in Fällen bei denen nur eine Spitze einer Fläche die zweite Fläche durchdringt (gleichbedeutend mit: zwei aufeinanderfolgende Kanten schneiden die Fläche), die Lösung 2 etwa um den Faktor 2 schneller ist als Lösung 1.

Das Ergebnis der Qualitätsbewertung für die Berechnung des Schnittpunktes einer Geraden mit einer Ebene zeigt deutliche Vorteile für die Darstellung der Ebenengleichung in Punkt-Normalenform.

Bei der Berechnung der Schnittpunkte ergeben sich Vorteile, wenn vor der Schnittpunktbestimmung zuerst die Kanten ermittlet werden, die aufgrund ihrer Lage die Ebene überhaupt schneiden können.

Für die Berechnungen, ob ein Schnittpunkt in der Fläche liegt, sind das Verfahren der Abstandsberechnung eines Punktes zu einer Ebene im Raum oder das Verfahren mit Hilfe des Tetraedervolumens praktisch gleichwertig.

Da für den Kollisionsschutz nicht die Anzahl der schneidenden Kanten wesentlich ist, sondern nur die Information, daß ein Schnittpunkt existiert, ist es ausreichend, bis zum ersten erkannten Schnittpunkt zu rechnen.

7 Ablaufsteuerung

Für einen universellen Einsatz eines Kollisionsschutzsystems auf verschiedenen Maschinen des gleichen Types ist es sinnvoll, ein Modul im Programmsystem für erforderliche Anpassungen an die jeweiligen Gegebenheiten vorzusehen. Bei einer Portierung des Kollisionsschutzsystems auf eine andere Maschine mit einer anderen Steuerung ist es somit ausreichend, nur ein Modul zu ändern, wenn es damit möglich ist, alle für einen Kollisionstest erforderlichen Parameter in einer für das Kollisionsschutzsystem geeigneten Form zur Verfügung zu stellen. Allerdings ist es auf diese Weise sicher nicht möglich, einen Kollisionsschutz von einer Drehmaschine auf eine Fräsmaschine zu portieren, da es sich hierbei um völlig unterschiedliche Maschinentypen mit einem anderen Bearbeitungsablauf und kinematischen Aufbau handelt.

In dem hier vorgestellten Kollisionsschutzsystem ist das Modul Ablaufsteuerung das Bindeglied zwischen der Maschinensteuerung und dem Kollisionsschutz (Bild 3.2, Bild 3.3). Die Aufgaben der Ablaufsteuerung lassen sich in drei Punkte einteilen:

- Kommunikation mit der Maschinensteuerung,
- Aufbereitung der Daten von der Maschinensteuerung für den Kollisionsschutz und
- Überwachung der Echtzeitbedingung für den Kollisionstest.

7.1 Kommunikation mit der Maschinensteuerung

Die Realisierung der Kommunikation auf physikalischer Ebene ist von der Maschinensteuerung vorgegeben. Die zeitlichen Rahmenbedingungen für die Kommunikation sind durch den Kollisionstest unter Echtzeitbedingungen sehr eng gesteckt. Lange Wartezeiten des Kollisionsschutzsystems auf Reaktionen von der Maschinensteuerung durch langsame Kommunikationswege oder verzögerte Reaktion der Software wirken sich negativ auf die Zykluszeit T_k für eine Kollisionsrechnung aus. Die meisten Steuerungen unterstützen durch einen modularen Aufbau eine direkte Ankopplung des Kollisionsschutzbausteines an den Rechnerbus der Steuerungshardware und stellen damit eine leistungsfähige Schnittstelle auf Hardwareebene zur Verfügung.

In der Regel werden für den Betrieb eines Kollisionsschutzsystems auch Änderungen in der Steuerungssoftware der Maschine notwendig, um die erforderlichen Daten über ein Interface an den Kollisionsschutz geben zu können. Durch die Vergabe von entsprechenden Prioritäten können kurze Kommunikationszeiten auf der Softwareebene realisiert werden. vor allem bei einer erkannten Kollision muß durch eine verzögerungsfreie Reaktion der Maschinensteuerung ein sofortiges anhalten der Maschine gewährleistet sein.

Die für eine Kollisionsrechnung erforderlichen Daten von der Maschine können in zwei Gruppen eingeteilt werden:

- Parameterwerte und
- aktuelle Maschinendaten.

Die Parameterwerte umfassen dabei eine Untermenge der auf der Maschinensteuerung unter dem Begriff Parameter abgelegten Daten. Diese Werte dienen für die Anpassung des Kollisionsschutzes an die Maschine. Vom Kollisionsschutz werden folgende Werte benötigt:

- maximale Drehzahl
- maximaler Vorschub für Eilgangpositionierung und Bearbeiten
- maximaler Override für Drehzahl und Vorschub
- maximale Werkzeuganzahl
- Arbeitsraumabmessungen

Schlittenbezogene Werte sind getrennt für jeden Schlitten erforderlich. Dies gilt auch für die nach jedem Testzyklus erforderlichen aktuellen Werte:

- Betriebsart der Maschine,
- eingestellte Drehzahl oder Schnittgeschwindigkeit,
- eingestellter Vorschub,
- eingestellter Override für Drehzahl und Vorschub,
- aktives Werkzeug,
- aktuelle Istposition,

- aktuelle Satznummer und
- neuer NC-Satz, wobei dieser nur nach Anforderung vom Kollisionsschutz und wenn ein neuer Satz in der Steuerung vorhanden ist, gesendet werden kann.

Die Parameterwerte sind nach jedem Neustart der Maschine und nach jedem Betriebsartenwechsel erforderlich. Die aktuellen Werte müssen nach jedem Testzyklus aktualisiert werden.

Für die Kommunikation vom Kollisionsschutz zur Maschine sind nur drei Werte erforderlich:

- Bereitmeldung des Kollisionsschutzes nach dem einschalten der Maschine,
- Anforderung eines neuen Satzes für den Kollisionsschutz,
- Statusmeldung über das Ergebnis des gerade überprüften Satzes mit der Freigabe zum weiterarbeiten bei Kollisionsfreiheit oder mit der Aufforderung zum Anhalten bei einer erkannten Kollision.

7.2 Aufbereitung der Daten für den Kollisionsschutz

Die Aufgabenverteilung in einem Kollisionsschutzsystem läßt sich in zeitkritische Arbeiten, die in jedem Testzyklus einmal ausgeführt werden müssen, und in Arbeiten für die mehrere Testzyklen zur Verfügung stehen, aufteilen. Zu den zeitkritischen und rechenzeitintensiven Arbeiten zählt auch die Bewegungssimulation und die Hüllvolumengenerierung. Da vor jedem neuen NC-Satz für den Kollisionsschutz Initialisierungen vorgenommen werden müssen, liegt es nahe, diese Arbeiten bereits vor der Bewegungssimulation zu erledigen um so vor jedem neuen Satz diese zusätzliche Zeit zu sparen. Da die Ablaufsteuerung das Interface zwischen der Maschinensteuerung und der Bewegungssimulation beinhaltet, bietet sich hier eine Vorverarbeitung der Daten von der Maschinensteuerung für die Bewegungssimulation an. Besonders sinnvoll ist dieser Ansatz bei einem Parallelrechnersystem, da hier beide Aufgaben weitestgehend unabhängig voneinander gleichzeitig ausgeführt werden können.

Wie bereits im Kapitel 4 erläutert ist es erforderlich, im Kollisionsschutzsystem der Maschine um bis zu drei Sätze vorauszurechnen. Diese drei Sätze können von der Ablaufsteuerung in einer eigenen Satzverwaltung bereits von der Maschine angefordert und wenn freie Rechenzeit vorhanden ist, für die Bewegungssimulation aufbereitet werden. Erreicht die Bewegungssimulation das Ende des gerade von ihr behandelten Satzes, so kann von der Ablaufsteuerung ohne Verzögerung sofort der neue Satz zur Verfügung gestellt werden. Die Vorverarbeitung in der Ablaufsteuerung unterscheidet drei Befehlsgruppen:

Satzfunktionen ohne Einfluß auf die Bewegungssimulation

Diese Funktionen können vom Kollisionsschutz ignoriert werden, da sie für die Simulation keine Bedeutung haben. Zu diesen Funktionen zählen z.B. das Ein- und Ausschalten des Kühlmittels, ein Wechsel der Getriebestufe oder das Betätigen der Arbeitsraumtüre.

Satzfunktionen mit indirektem Einfluß auf die Bewegungssimulation

Diese Funktionen haben keine Positionierbewegungen der Schlitten zur Folge, sind jedoch für eine korrekte Simulation erforderlich. Diese Funktionen sind z.B. Spindelbefehle, Drehzahlvorgaben, Schnittgeschwindigkeitsvorgaben und Synchronisationsfunktionen bei einer Mehrschnittbearbeitung.

Satzfunktionen mit Positionsangaben

Hierzu zählen alle Funktionen die direkt eine Bewegung der Maschine auslösen wie Positionieren im Eilgang, Bearbeiten oder Werkzeugwechsel.

Die Parameter zu jedem Satz sind bereits bei der Übergabe von der Maschinensteuerung an den Kollisionsschutz bekannt. Aus diesen Maschinendaten können somit bereits in der Ablaufsteuerung die für den Kollisionsschutz gültigen Daten im voraus berechnet werden. Die Daten für den Kollisionsschutz unterscheiden sich von den Maschinendaten dadurch, daß sie für Worst Case Bedingungen ausgelegt sind. Als Beispiel soll hier der Unterschied des Vorschubes für die Maschine und für den Kollisionsschutz erläutert werden.

Im Kollisionsschutzsystem werden alle Verfahrschritte der Maschine im voraus simuliert. Dieser Simulation liegen die programmierten Daten der Maschine zugrunde. Diese Daten können jedoch von den tatsächlich von der Maschine gefahrenen Daten durch einen Vorschuboverride des Bedieners zu jeder Zeit in der Regel in einem Bereich von 0 - 150% variieren.

Ist eine konstante Schnittgeschwindigkeit programmiert, so ist der aktuelle Vorschub von der Position des Werkzeugschlittens abhängig. Diese ändert sich beim Plandrehen kontinuierlich und bewirkt dadurch eine Änderung der Drehzahl, wodurch sich wiederum ein auf die Drehzahl bezogener Vorschub ständig ändert. Durch einen Override bei Drehzahl und Vorschub können die Werte zusätzlich noch vom Bediener beinflußt werden.

Der für den Kollisionsschutz relevante Vorschub ist damit der maximale Wert der sich aus diesen Variationsmöglichkeiten ergibt. Jeder kleinere Wert könnte zum Zeitpunkt der Simulation ein zu kleines Hüllvolumen zur Folge haben. Ein Kollisionsschutz kann nicht mehr gewährleistet werden, da die simulierten Werte mit der Realität nicht mehr übereinstimmen.

Diese zum Teil umfangreichen Berechnungen können bereits vor der Übergabe des Satzes an die Bewegungssimulation durchgeführt werden.

Bei einer Bewegung auf einer Kreisbahn kann in der Ablaufsteuerung bereits die Berechnung der Stützpunkte für die Kreispolygonalisierung (siehe Kapitel 4.6.2) vorgenommen werden. Zusammen mit der Vorschubberechnung ergeben sich erhebliche Rechenzeiteinsparungen im kritischen Echtzeitbereich der Bewegungssimulation, der zu jeder Satzanforderung damit komplette Datensätze zur Verfügung gestellt werden können.

Die aktuellen Werte werden vor jedem neuen Testzyklus an die Bewegungssimulation übergeben.

7.3 Überwachung der Echtzeitbedingung

Ein Kollisionsfreier Betrieb kann nur sichergestellt werden, wenn nach der Übernahme der aktuellen Werte in die Ablaufsteuerung von der Maschine nach der Zeit T_k alle Maschinenkomponenten auf Kollisionsfreiheit überprüft sind. Ist der Kollisionstest zu diesem Zeitpunkt noch nicht abgeschlossen, besteht die Gefahr, daß die Maschine den überprüften Bereich verläßt und bei einer erkannten Kollision nicht mehr rechtzeitig angehalten werden kann. Wird von der Ablaufsteuerung eine Verletzung der Echtzeitbedingung festgestellt, so muß aus Sicherheitsgründen die Maschine gestoppt und an den Bediener eine Meldung abgesetzt werden.

8 Realisierung des Kollisionsschutzsystems

Die Zielvorstellung für den praktischen Einsatz ist eine feste Integration des Kollisionsschutzes in die Maschine und eine vom Bediener unabhängig und weitestgehend unbemerkt im Hintergrund durchgeführte Kollisionsüberwachung. Ein wichtiger Faktor ist dabei seine Wirtschaftlichkeit. Der Kostenaufwand für das Kollisionsschutzsystem darf nicht zu groß werden und Test und Fertigung müssen mit gängigen Produktionsmitteln bewerkstelligt werden können.

Um die vorangegangenen theoretischen Überlegungen für die Entwicklung eines 3D-Echtzeitkollisionsschutzsystems im praktischen Einsatz zu verifizieren und um Grenzen und Schwachstellen zu erkennen, wurde eine Testintegration in eine Vierachsendrehmaschine durchgeführt. Dafür waren Modifikationen bzw. Ergänzungen an der Steuerungssoftware und -hardware erforderlich.

In den folgenden Punkten werden die erforderlichen Schritte bei der Integration gezeigt und Ergebnisse bei einem Betrieb der Werkzeugmaschine mit Kollisionsschutzsystem vorgestellt.

8.1 Hardware des Kollisionsschutzrechners

Für die Auswahl einer geeigneten Hardware sind vor allen Dingen die Schnittstelle an die Maschinensteuerung, der Speicherplatzbedarf und die erforderliche Rechenleistung ausschlaggebend. Die Schnittstelle an die Maschinensteuerung ist durch den Versuchsträger festgelegt. Die beiden anderen Parameter sind von der aktuellen Maschinenkonfiguration und den zulässigen Rechenzeiten für einen Testzyklus abhängig und werden im folgenden kurz betrachtet.

Bei der Entscheidung für die Hardware liegt dabei der aktuelle Stand der Technik in der Mikroelektronik Anfang 1987 zu Grunde. Durch die schnelle Weiterentwicklung der Mikroprozessortechnik ist mittlerweile bereits eine neue, sehr leistungsfähige Prozessoregneration auf dem Markt, welche z.B. durch die Typen 80486, 80960 von Intel oder DSP 96000 von Motorola repräsentiert wird.

Für die Auswahl einer geeigenten Hardware ist der prinzipielle Ablauf immer der gleiche, die Ergebnisse können durch die verfügbaren Bausteine jedoch durchaus variieren.

8.1.1 Abschätzung des Speicherplatzbedarfes

Der Speicherbedarf errechnet sich aus dem Speicherplatz für Programme und Parameter während des Betriebs des Kollisionsschutzes und für den Bedarf zum Ablegen des gesamten Maschinenmodells für die Simulation. Der folgenden Ausführung liegt eine Vierachsendrehmaschine mit zwei Werkzeugschlitten, jeder mit zwölf Werkzeugen bestückt, und einem Reitstock zugrunde.

Das Modell dieser Konfiguration ist aus ca. 3 000 Flächen und 4 000 Punkten aufgebaut. Die Punkte sind alle voneinander verschieden. Im Schnitt gehört ein Punkt zu drei Flächen. Das Werkstück ist dabei noch nicht berücksichtigt. Da für die Beschreibung des Werkstückes bei komplizierten Formen jedoch sehr viele Punkte und Flächen zur Beschreibung notwendig sind, darf das Werkstück keineswegs vernachlässigt werden. Daher werden für die folgenden Betrachtungen 1 500 Punkte und 1 000 Flächen für das Werkstück zum Maschinenmodell addiert. Es ergeben sich dann 4 000 Flächen und 5 500 Punkte für das Simulationsmodell.

Wenn man diese Zahlen mit dem Speichplatzbedarf in der Datenstruktur gemäß Kapitel 8.2 multipliziert, erhält man den gesamten Speicherplatzbedarf für das Simulationsmodell im Kollisionsschutz. Für die Punkte muß dabei berücksichtigt werden, daß sie einmal in der Basislage und einmal in der aktuellen Lage vorhanden sind und sich somit der Seicherplatzbedarf für die Punkte verdoppelt. Für die Flächen ergeben sich damit ca. 60 kB und für die Punkte ca. 100 kB, zusammen ca. 160 kB.

In Anbetracht der Tatsache, daß sich der Speicherplatzbedarf durch weitere Daten z.B. für eine Grafikausgabe oder Ein-/Ausgabepuffer noch vergrößern wird und das Kollisionsschutzsystem auch bei anderen komplexeren Maschinen Verwendung finden soll, darf man bei der Systemauslegung den maximalen Speicherplatzbedarf für das Simulationsmodell sicher nicht unter 500 kB ansetzen.

Zu dem Speicherplatzbedarf für das Simulationsmodell kommt noch der Speicherbedarf für die gesamten Kollisionsschutzprogramme und für die Parameter hinzu, die in dieser Abschätzung ebenfalls mit 500 kB angesetzt werden.

Der gesamte Speicherplatzbedarf für das 3D-Echtzeit-Kollisionsschutzsystem kann nach den obigen Abschätzungen mit 1 MB veranschlagt werden. Dieses Speichervolumen deckt auch die Anforderungen für künftige Implementierungen an komplexen Werkzeugmaschinen wie Bearbeitungszentren und 5-achsige Fräsmaschinen ab.

8.1.2 Abschätzung des Rechenleistungsbedarfes

Die erforderliche Rechenleistung kann nur sehr schwer geschätzt werden, da sie stark von der Maschinenkonfiguration, der Bearbeitungsituation, den Verfahrbefehlen und der Zykluszeit für eine Kollisionsberechnung abhängt. Die Schwerpunkte liegen dabei auf der Berechnung des Hüllvolumens, der Transformation der Geometrien bei einer Verfahrbewegung, der Werkstückaktualisierung und der Kollisionsrechnung.

Für die Berechnung des Hüllvolumens sind pro Fläche der bewegten Maschinenkomponente ca. 30 Multiplikationen und Additionen erforderlich. Im Mittel sind Werkzeug und Werkzeughalter zusammen aus 60 Flächen aufgebaut und somit 3 600 Gleitpunktoperationen zu berechnen. Für beide Schlitten zusammen also ca. 7 000 Gleitpunktoperationen.

Für die Transformation eines Punktes mit einer Matrix bei einer Bewegung sind 12 Additionen und 9 Multiplikationen notwendig. Wird ein Objekt mit z.B. 500 Punkten verfahren, was in etwa einem voll bestückten Werkzeugrevolver einer Drehmaschine entspricht, müssen demzufolge 4 500 Multiplikationen und 6 000 Additionen durchgeführt werden. Bei einer 4-Achsen-Drehmaschine können beide Werkzeugrevolver gleichzeitig verfahren, so daß sich der Rechenaufwand um den Faktor zwei erhöht. Als gerundete Größe kann man von 20 000 Gleitpunktoperationen ausgehen, die für die Simulation der Verfahrbewegungen der Werkzeugschlitten pro Zeiteinheit oder Überprüfungsschritt anfallen.

Bei der Werkstückaktualisierung kann der Rechenaufwand nicht so einfach geschätzt werden und kann von 0, wenn keine Bearbeitung stattfindet, bis zu einer Größe X bei komplexen Werkstücken, Schneidenformen oder Bearbeitungsschritten ansteigen. Da die Berechnung der neuen Werkstückkontur im zweidimensionalen Raum durch die Berechnung der Verschneidungskurven von der Werkzeugschneide mit der Kontur des Werkstücks erfolgt, sind damit umfangreiche Berechnungen notwendig. Bei der anschliessenden Rotation der zweidimensionalen Kontur zur Erzeugung der dreidimensionalen Geometrie für den Kollisionstest sind pro Konturpunkt 9 Multiplikationen und 9 Additionen nötig. Bei z.B. 50 Konturpunkten und einem Polygonalisierungsfaktor von 16 ergeben sich ca. 15 000 Gleitpunktoperationen.

Der Aufwand für die Kollisionserkennung wurde bereits in Kapitel 6.4 ausführlich vorgestellt. Im Schnitt sind für den Test zweier Flächen auf Überschneidung mit dem günstigsten Verfahren ca. 120 Gleitpunktoperationen erforderlich. Wenn bei einer Kollisionsprüfung z.B. 200 Flächen mathematisch geprüft werden müssen, ergibt das 24 000 Gleitpunktoperationen.

Bei den ganzen Betrachtungen wurden nur die mathematischen Operationen gezählt. Bei der Kollisionsprüfung treten jedoch sehr viele Vergleichsoperationen durch den Minimaxtest auf und bei der Hüllvolumengenerierung müssen die Hüllquader durch einen Koordinatenvergleich neu erzeugt werden. Setzt man für die Vergleichsoperationen ca. 40 000 Gleitpunktoperationen ein, so ergibt sich der Gesamtaufwand zu ca. 100 000 Gleitpunktoperationen.

Bei diesen Zahlen ist der Rechenleistungsbedarf für Verwaltungs- und Kommunikationsaufgaben noch nicht enthalten. Setz man dafür noch das Äuqivalent von 50 000 Gleitpunktoperationen an, so muß die Gesamtrechenleistung mindestens 150 000 Gleitpunktoperationen erreichen.

Ein entscheidender Punkt zur Ermittlung der Rechenleistung ist die Definition einer Zeiteinheit für einen Simulationsschritt. Ziel ist es, den Verfahrweg der Maschine während eines Simulationsschrittes möglichst klein zu halten. Der maximale Verfahrweg während eines Sinulationsschrittes berechnet sich aus der maximalen Vorschubsgeschwindigkeit der Maschine und der Rechenzeit für einen Simulationsschritt (Kapitel 4.4). Der Verfahrweg ist umso kleiner, je kleiner die Zeit für einen Simulationsschritt ist. Bei einer maximalen Vorschubgeschwindigkeit (Eilgang) von 12 m/min = 200 mm/sec ergeben sich bei 10 Simulationsschritten pro Sekunde 20 mm Vorschub pro Simulationsschritt. Da bei der Kollisionserkennung das Hüllvolumen des Bewegten Objektes betrachtet werden muß, sollte der Vorschub pro Simulationsschritt eher kleiner sein um Probleme mit langen Hüllvolumen bei der Mehrschnittbearbeitung oder bei Kurvenbahnen des bewegten Objektes zu vermeiden.

Mit diesen Zahlen errechnet sich die Rechenleistung ohne Verwaltung und Kommunikation zu mindestens 1 500 000 Gleitkommaoperationen pro Sekunde.

8.1.3 Rahmenbedingungen für die Hardware des Kollisionsschutzsystems

Aus den obigen Betrachtungen können die Rahmenbedingungen für den Aufbau der Hardware für das 3D-Echtzeit-Kollisionsschutzsystem abgeleitet werden.

Es ist ein mpst-Bus-Interface notwendig, da die Steuerung des Versuchsträgers eine mpst-Bus-Steuerung besitzt und der Kollisionsschutz in der Lage sein muß, mit der Steuerung zu kommunizieren.

Aus Wirtschaftlichkeits- und aus Platzgründen ist eine modulare, in der Leistung flexible Lösung für die Hardware des Kollisionsschutzes anzustreben und das Einsatzspektrum der Hardware so universell wie möglich ohne Einschränkungen für das Kollisionsschutzsystem zu gestalten.

Die maximale Speicherkapazität muß mindestens 1 MB erreichen. Die Speicherbausteine müssen den Geschwindigkeitsanforderungen genügen und über eine Batteriepufferung verfügen um einen Datenverlust bei Stromausfall und in den Arbeitspausen zu vermeiden.

Für einen autarken Betrieb des Kollisionsschutzes ist es erforderlich, daß die Programme in einem Permanentspeicher auf der Hardware untergebracht sind.

Für einen asynchronen Datenaustausch mit anderen Steuerungskomponenten über den mpst-Bus ist ein Dual Port Ram notwendig.

Die Rechenleistung der Hardware muß mindestens das Äquivalent von 1500000 Gleitkommaoperationen erreichen und die Busstruktur muß für eine entsprechend hohe Datenrate ausgelegt werden.

8.1.4 Prüfung vorhandener mpst-Bus Komponenten

Die Drehmaschine MD3iT von der Firma Gildemeister für den Versuchsaufbau des Kollisionsschutzes ist mit einer mpst-Steuerung ausgerüstet. mpst steht für Mehrprozessor-Steuersystem [35]. Kennzeichen des mpst-Konzeptes sind Eigenschaften wie modularer Aufbau, standardisierte Hardwaremodule, einheitliches Bussystem und anpassungsfähige Funktionsbausteine.

Das Mehrprozessor-Steuersystem ist nicht auf einen speziellen Mikroprozessor festgelegt. Die Norm DIN 66264, Teil 1 [47] beschreibt die Hardwareschnittstelle zu diesem Bus. Im Teil 2 [48] ist die Kommunikation geregelt. Der mpst-Bus ist ein Parallelbus bestehend aus Daten-, Adreß- und Steuerbus. Ein Teilnehmer innerhalb dieses Bussystems ist eine Funktionseinheit, die aus einer oder mehreren Karten im Doppeleuropaformat besteht. Der Bus wird von einem Zentralsteuerwerk verwaltet. Ein Teilnehmer kann aktiv oder passiv sein, je nachdem ob er selbst Schreibzyklen über den Bus ausführen oder ob er nur gelesen werden kann.

Karten für den mpst-Bus werden von verschiedenen Herstellern angeboten. Sie können miteinander zu einer kompletten Steuerung kombiniert werden. Zur Zeit liegt der Schwerpunkt des

Angebots bei Komponenten für Werkzeugmaschinensteuerungen. Neben Speicherkarten, Interfacekarten, Ein/Ausgabekarten, Lagereglerkarten und vielen anderen werden auch sehr leistungsfähige Mikrorechnerkarten mit unterschiedlichen Prozessoren angeboten. Das Spektrum reicht von 8-Bit über die 16-Bit bis hin zu den 32-Bit Prozessoren.

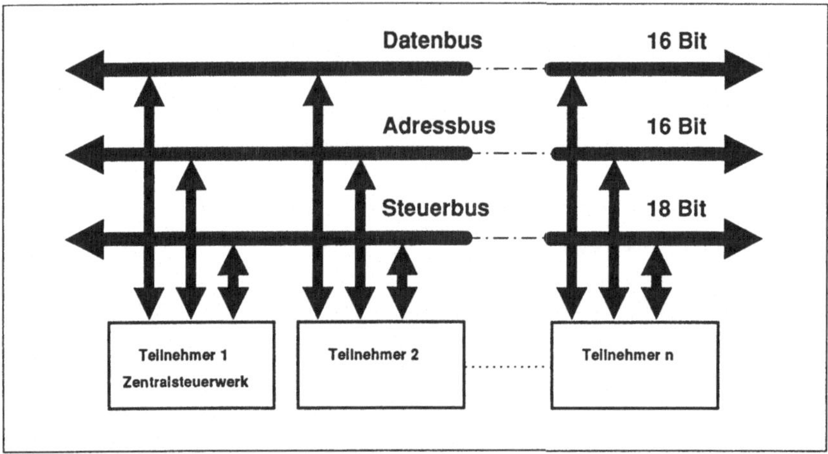

Bild 8.1: Aufbau des mpst-Bus.

Für den Kollisionsschutz scheiden aufgrund der geforderten Rechenleistung die 8- und 16-Bit-Prozessoren aus und auch die 32-Bit Karten bieten entweder zuwenig Rechenleistung oder zuwenig Speicherplatz.

Für eine Einplatinenlösung für das Kollisionsschutzsystem bleibt somit nur der Weg einer eigenen Entwicklung.

8.1.5 Spezielle Hardware für den Kollisionsschutz

Für das Design der Hardware können verschiedene Konzepte verfolgt werden. In der folgenden Aufstellung werden einige Möglichkeiten aufgezählt und anschließend auf ihre Tauglichkeit für das Kollisionsschutzsystem geprüft.

Realisierungsmöglichkeiten

- Einprozessor-System mit Prozessoren vom Typ Intel 80386, National Semiconductor 32332, Motorola 68020, Motorola 68030, Inmos T414, Inmos T800, Fairchild Clipper,
- Mehrprozessor-System mit Prozessoren wie oben angeführt,
- Mehrprozessor-System mit einem Host Prozessor wie oben angeführt und einem zusätzlichen Spezialprozessor für Floating Point Arithmetik vom Typ Intel 80387, National Semiconductor 32381, Motorola 68881, AT&T WE 32106,
- Mehrprozessor-System mit einem Host Prozessor wie oben angeführt und einem zusätzlichen Spezialprozessor für Signalverarbeitung vom Typ Motorola DSP 56000, National Semiconductor LM 32900, Texas Instruments TMS 320C25, Thomson TS 68930, NEC uPD 77230, AT&T WE DSP 32
- Spezielle Logik aufgebaut mit programmierbaren Bausteinen wie PAL's und Gate Arrays mit einem Prozessor für Steuerung und Kommunikation.

Einprozessor-Systeme:

Die aufgeführten Prozessoren entsprechen alle dem aktuellen Stand der Technik. Es sind 32-Bit Prozessoren und haben eine Verarbeitungsleistung zwischen 2 und 5 MIPS (Million Instructions Per Second) mit Ausnahme der Prozessoren T414 und T800 von Inmos. Dieser Prozessor erreicht bei einer Taktfrequenz von 20 MHz 10 MIPS. Der T800 ist zusätzlich mit einer Floating Point Unit auf dem Chip ausgerüstet und damit bestens für die Verarbeitung von Real-Arithmetik geeignet. Die anderen Prozessoren sind für Integer-Arithmetik ausgelegt.

Die geforderte Rechenleistung für das Kollisionsschutzsystem wird von keinem Einprozessor-System erreicht.

Mehrprozessor-Systeme:

Bei Mehrprozessorsystemen tritt in der Regel immer das Problem der Verbindung dieser Prozessoren für eine Kommunikation miteinander auf [21]. Werden die Prozessor-Busse direkt verbunden, kann bei einer Kommunikation immer nur ein Prozessor auf dem Bus aktiv sein, was zu Wartezeiten bei dem Kommunikationspartner führt. Eine Verbindung über ein Dual Port Ram oder Fifo-Speicher vermeidet dieses Problem zwar, aber dieser Vorteil muß durch einen erheblichen Verwaltungsaufwand und sehr viel Platz auf der Platine für die Logik erkauft werden. Bis auf die Inmos-Prozessoren T414 und T800, die bereits vom Konzept her für eine Parallelschaltung von mehreren Prozessoren ausgelegt sind, sind die anderen Prozessoren dafür wenig geeignet. Das Problem der Kommunikation ist bei Inmos durch serielle Verbindungen zwischen den einzelnen Prozessoren gelöst worden. Die Synchronisation wird dabei von der Hardware übernommen.

Mit einem Mehrprozessor-System wird die Rechenleistung für den Kollisionsschutz erreicht. Das Hauptproblem dabei ist der Platzbedarf auf der Platine für entsprechend viele Prozessoren und ihre Peripherie und für die Verbindung der Systeme miteinander.

Mehrprozessor-Systeme bestehend aus Host und Floating Point Unit:

Für diese Systeme treten die Kommunikationsprobleme von Mehrprozessorsystemen nicht auf, da jeder Prozessor mit einem speziellen Interface für einen Math Coprocessor ausgerüstet ist und der gesamte Datentransfer von der Hardware übernommen wird. Der T800 hat den Coprocessor bereits auf dem Chip integriert, so daß auf der Platine nicht einmal der Platz bereitgestellt werden muß.

Auch bei Prozessoren mit Math Coprocessor wird die Rechenleistung für den Kollisionsschutz nicht erreicht. Werden mehrere dieser Systeme parallel geschaltet, steht das Problem der Kommunikation und des Platzbedarfs wieder im Vordergrund. Eine Ausnahme bildet hier nur der T800 von Inmos.

Mehrprozessorsysteme bestehend aus Host und Signalprozessor:

Signalprozessoren sind optimierte Prozessoren für Operationen der digitalen Signalverarbeitung. Das sind im besonderen Multiplikation und Addition. Durch einen Aufbau der Hardware in Harvard-Architektur kombiniert mit einer Pipeline-Verarbeitung werden sehr hohe Rechengeschwindigkeiten realisiert. Ein Signalprozessor ist im Gegensatz zu einem Math Coprocessor ein eigenständiger Prozessor, der unabhängig vom Host eigene Programme abarbeitet. Hierbei gilt es auch das Problem der Kommunikation und des Platzbedarfs zu Lösen.

Die Rechenleistung von einem Host und Signalprozessor reicht für den Kollisionsschutz nicht aus. Die Probleme bei der Installation mehrerer Systeme sind bekannt. Ein großer Nachteil bei dieser Lösung ist der, daß für einen Signalprozessor eine eigene Entwicklungsumgebung zusätzlich zu dem Entwicklungssystem für den Host-Prozessor benötigt wird.

Spezielle Logik:

Mit einer derartigen Lösung können optimale Rechenleistungen für ein bestimmtes Problem erzielt werden. Die Nachteile sind jedoch, daß die Hardware absolut unflexibel ist. Spätere Änderungen in der Datenstruktur oder im Ablauf der Simulation lassen sich nur schwer oder überhaupt nicht realisieren. Ein weiterer Nachteil ist die Entwicklungszeit und der Test für die gesamte Hardware.

In der Diskussion der verschiedenen Möglichkeiten fällt der Prozessor T800 von Inmos [23, 25] positiv auf, und soll hier kurz näher betrachtet werden.

- 32 Bit Architektur mit 10 MIPS bei 20 MHz Taktfrequenz,
- integrierte Floating Point Unit mit 1.5 MFLOPS bei 20 MHz Taktfrequenz,
- ANSI-IEEE 754-1985 Floating Point Darstellung,
- 4 kB Ram auf dem Chip,
- Prozeßumschaltung im Mikrosekundenbereich
- 4 Links mit 5, 10 oder 20 MBaud Übertragungsrate,
- Hardware Scheduler für parallele Prozesse,
- zwei interne Timer für Echtzeitanwendungen,
- externer Interrupt-Eingang,
- Boot-Möglichkeit über Link oder aus einem Rom.

In Verbindung mit dem Transputer muß man auch die Programmiersprache Occam [24] betrachten. Diese pascalähnliche Hochsprache wurde von Inmos speziell für die Programmierung von parallelen Prozessen auf einem oder mehreren Transputern entwickelt. Die Kommunikation zwischen Prozessen auf verschiedenen Transputern wird dabei über die seriellen Verbindungen, die Links, ermöglicht [31]. Nach der Initialisierung einer Link erfolgt die Datenübertragung ohne zutun des Prozessors. Die Synchronisation wird dabei von der Hardware übernommen. Ist ein Prozeß nicht bereit, kommt er in eine Warteschlange und verbraucht keine Rechenzeit.

In Bezug auf seine Rechenleistung mit der Floating Point Unit auf dem Chip und der einfachen Möglichkeit, mehrere Transputer parallel zu schalten und über die Links zu verbinden, ist der T800 von Inmos der zur Zeit am besten geeignete Prozessor für das Kollisionsschutzsystem.

Hardware-Aufbau

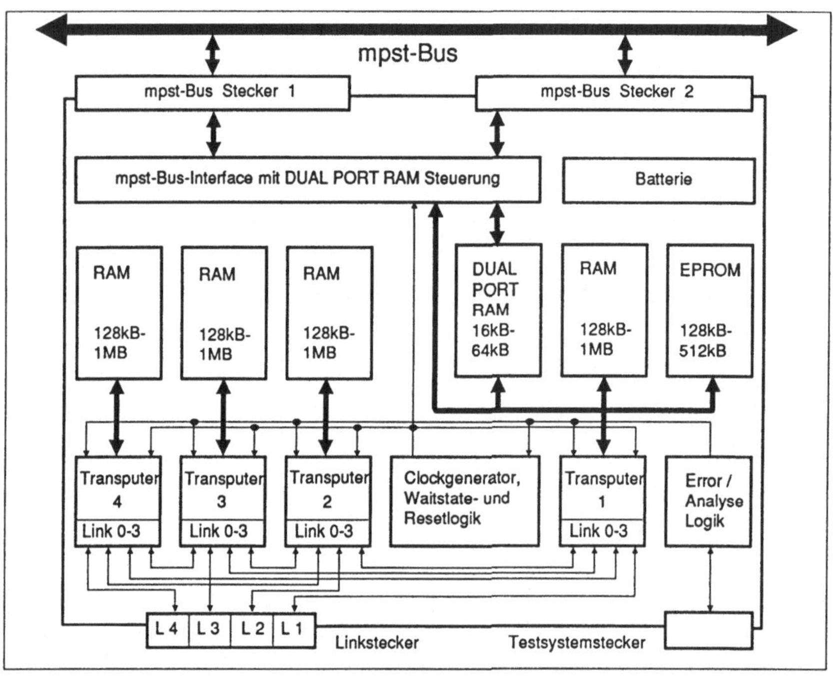

Bild 8.2: Blockschaltbild der Hardware-Platine für den 3D-Echtzeit-Kollisionschutz.

Auf einer Platine im Doppeleuropaformat können vier 32-Bit Transputersysteme mit maximal je 1 MB statisches RAM untergebracht werden. Diese vier Systeme können in ein Master System und drei Slave Systems unterteilt werden, da es nicht erforderlich ist, daß alle vier Systeme den gleichen Aufbau haben. Eine Ankopplung an den mpst-Bus ist nicht für alle Systeme erforderlich und erfolgt daher nur beim Master. Ebenso genügt ein permanenter Programmspeicher mit 500 kB für den Master, da dieser die Programme für die Slave Systems über die Links an diese senden kann.

Für Zugriffe auf den mpst-Bus und auf die permanenten Programmspeicher ist für das Master System eine Waitstate-Logik erforderlich.

Mit einer Reset-Logik und einem Clockgenerator werden für alle Systeme definierte Starbedingungen nach dem Einschalten der Maschine und eine stabile Taktversorgung geschaffen.

Als letzte Funktionsgruppe fehlt noch die mpst-Bus-Ankopplung mit dem Dual Port Ram und einer Batterie für die Stromversorgung der Rams nach dem Ausschalten der Maschine.

8.2 Dezentrale Datenstruktur für ein Mehrprozessorsystem

Die Datenstruktur für die Verwaltung des Simulationsmodelles des Kollisionsschutzsystems ist für eine dezentrale Datenhaltung in einem Parallelrechnersystem konzipiert. Ein wichtiger Punkt ist dabei eine mehrfache Haltung der gleichen Daten auf verschiedenen Prozessoren, wenn sich so durch eine parallele Verarbeitung Zeitvorteile ergeben. Im Gegensatz zu einem Rechnersystem mit nur einem Prozessor sind dabei zusätzlich Aspekte bei der Datenübertragung zu den einzelnen Prozessoren und der Konsistenz zu berücksichtigen. Im Hinblick auf eine optimale Speichernutzung sollen nur die Daten lokal auf einem Prozessor gehalten werden, welche auch von diesem benötigt werden.

Wie bereits in Kapitel 3.2 näher beschrieben, bietet sich eine Einteilung der Daten in

- Maschinenstruktur und Zugriff auf einzelne Maschinenkomponenten,
- Positionsbeschreibung,
- Hilfsdaten und
- Geometriebeschreibung einer Maschinenkomponete

an. Für die Gliederung der Maschinenstruktur ist als Grundlage der kinematische Aufbau wie in Bild 2.3 sinnvoll. Es ergibt sich so eine Baumstruktur mit Nachbar- und Unterelementen. Nachbarelemente sind kinematisch unabhängig, Unterelemente sind kinematisch abhängig.

Für das Kollisionsschutzsystem hat es sich als vorteilhaft ergeben, die eigentliche Geometriebeschreibung durch Flächen und Punkte in eine separate Struktur zu speichern, da die Informationen über die Maschinenstruktur, die Positionsbeschreibung und die Hilfsdaten nicht an allen Stellen benötigt werden. Das Simulationsmodell ist somit in den zwei Datenfeldern mit der Elementestruktur und der Geometriebeschreibung Abgebildet.

Der Elementebaum ist nur dort erforderlich, wo Zugriffe auf einzelne Elemente der Maschine notwendig sind, z.B. bei einer grafischen Darstellung einer bestimmten Maschinenkomponente oder beim Versenden der Daten im Netzwerk vor dem eigentlichen Betrieb. Der Aufbau des Datenblocks eines Elements ist in Bild 8.3 zu sehen.

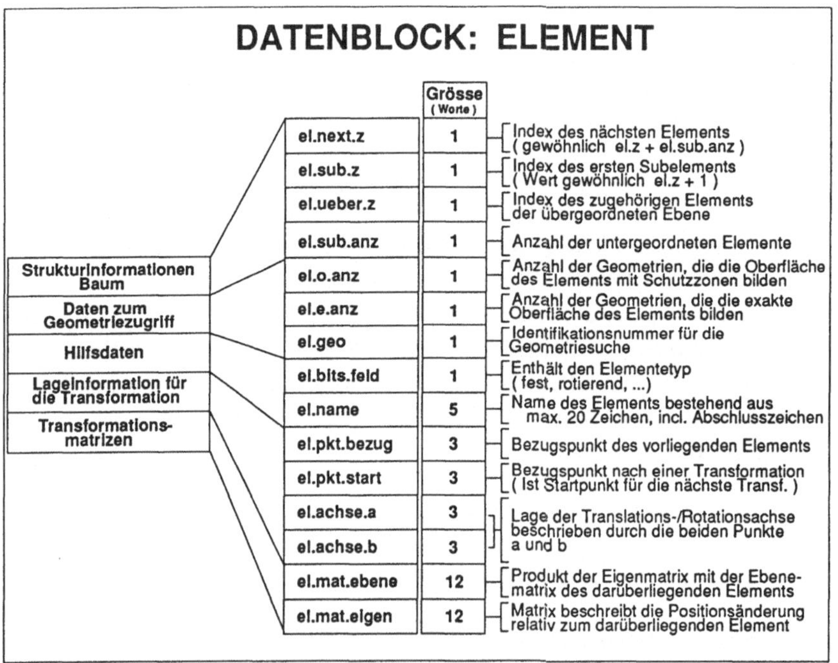

Bild 8.3: Datenstruktur für ein Element.

Die ersten Einträge enthalten die Informationen über die Position dieses Elements im Baum. Im Hinblick auf die später möglichst gleichverteilte Rechenlast und definierte Kommunikationszeiten bei einer Datenübertragung zu einem anderen Prozessor wird jedes Element das eine bestimmte Anzahl an Punkten überschreitet in mehrere Geometrien unterteilt. Die nächsten drei Einträge enthalten Informationen über die Anzahl der Geometrien eines Elements und ihre

Darstellung gemäß der Beschreibung in Kapitel 4.1 und eine Identifikationsnummer, mit der die Geometrien eines Elements im Geometriefeld gefunden werden können.

Die Hilfsdaten geben den Typ des Elements an. Der Typ bezieht sich auf die Freiheitsgrade des Elements und auf die Unterschiede der Geometriedaten für den Kollisionstest bzw. für die graphische Darstellung. Der Name des Elementes in den Hilfsdaten wird bei der Ausgabe auf einem Bildschirm genutzt.

Die letzten Einträge enthalten Informationen über die Lage des Elementes im Raum bezüglich seines übergeordneten Elementes.

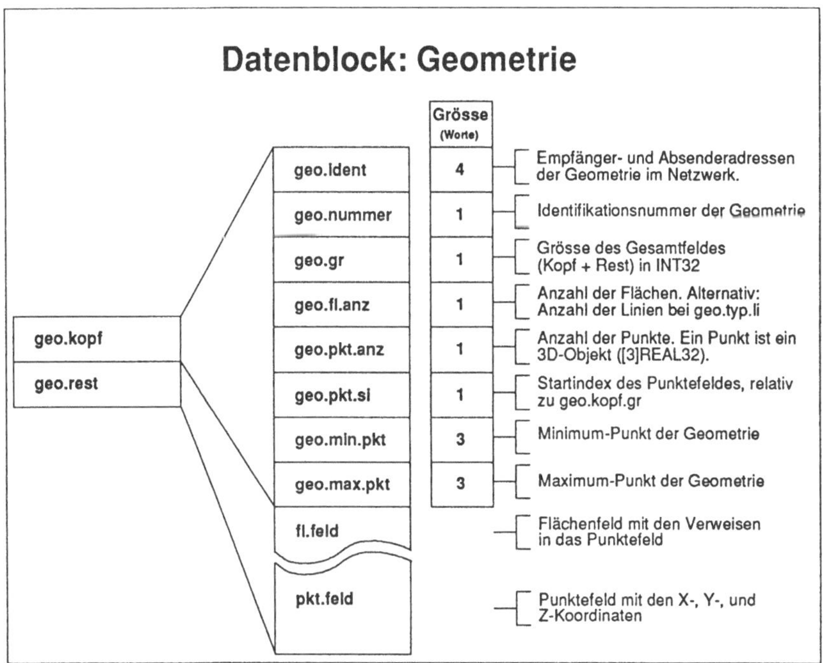

Bild 8.4: Darstellung eines Geometrieblockes.

In Bild 8.4 ist ein Geometriedatenblock abgebildet. Er enthält die Flächen und Punkte eines Elements, die in einer oder mehreren Geometrien beschrieben sind. Im Geometriekopf sind Informationen für den Zugriff auf die Geometrie enthalten. In geo.ident ist Platz, um beim Versenden der Geometrie Zieladressen und Absenderadresse einzutragen. Die Zieladressen erlauben dem Linkprozeß (Kapitel 8.3), die Daten an die richtigen Empfangsprozesse weiterzureichen. Die Absenderadresse gibt dem Empfängerprozeß Informationen über den Absender der Daten. Der Eintrag geo.nummer stellt einen Bezug zwischen der Geometrie und dem zugehörigen Element her. Die restlichen Einträge dienen der Verwaltung der Geometriedaten.

In dem Rest des Blocks sind die Flächen und Punkte enthalten. Das erste Teilfeld enthält Flächeneinträge. Für jede Fläche wird der Hüllquader durch die minimalen und maximalen Koordinaten in jeder Achsrichtung definiert. Zusätzlich stehen in einem Flächeneintrag die Anzahl der Punkte der Fläche sowie die Indizes, mit denen im Punktefeld auf die Koordinaten der Punkte zugegriffen werden kann. Die Punkte sind im zweiten Teil des Feldes eingetragen.

8.3 Kommunikation

Das Kollisionsschutzsystem ist ein Multiprozess-Multiprozessorsystem und stellt aus diesem Grunde hohe Ansprüche an die Komunikation der Prozesse miteinander. Für eine flexible Programmstruktur müssen die Prozesse beliebig miteinander beliebige Daten austauschen können, unabhängig vom Prozessor auf dem sie allokiert sind. In der Programmiersprache OCCAM ist ein Nachrichtenaustausch zwischen zwei Prozessen und verschiedenen Datentypen über ein variantes Protokoll geregelt. Vor jeder Nachricht dieser Kommunikationsart wird ein Tag gesendet, welches das weitere Protokoll beim Empfang der Nachricht bestimmt. Das variante Protokoll besitzt jedoch für ein komplexes Prozessystem wie den Kollisionsschutz einige Nachteile:

- Bei einem größeren Programmsystem führt die ausschließliche Verwendung von Variantenprotokollen zu einem großen Umfang an Tags.
- Der Transport einer Nachricht im Netz gestaltet sich umständlich und wenig flexibel. Um über mehrere Transputer zu kommunizieren, sind auf jedem Transputer vor dem Zielprozessor spezielle Durchreicheprozesse erforderlich.
- An den Empfangslinks der Transuter sind spezielle Demultiplexerprozesse erforderlich, welche die Daten an den richtigen lokalen Prozeß oder an einen Durchreicheprozeß weiterleiten.
- Für die Sendelinks ist ein spezieller Multiplexer notwendig, der Nachrichten von parallel laufenden Prozessen auf die zugeordneten Hardwarelink sendet.

Diese Nachteile können mit einem nachrichtenunabhängigen adressorientierten Kommunikationsprozeß umgangen werden. Der Weg der Nachricht im Netz soll dabei nur vom Empfänger und dem Absender abhängen. Für den Kommunikationsprozeß, der im folgenden kurz Linkprozeß genannt wird, ergeben sich folgende Hauptforderungen:

- Die Kommunikation muß vom Nachrichteninhalt unabhängig sein. Eine Auswertung der Nachrichtendaten darf erst bei den Zielprozessen erfolgen.

- Die Kommunikation muß für den Anwenderprozeß mit der Übergabe der Nachrichten mit einer oder mehreren Zieladressen versehen an den Linkprozeß abgeschlossen sein. Der Linkprozeß muß ab der Übergabe automatische die Weiterleitung der Daten an die entsprechende Zielprozesse im Netzwerk übernehmen.

- Die Hardwarelinks müssen parallel und bidirektional für einen optimalen Datenfluß genutzt werden. Dabei ist eine doppelte Übertragung der Daten über die gleiche Hardwarelink bei mehreren Zieladressen und dem gleichen Weg zu vermeiden. Eine Übertragung der Daten bei mehreren Zieladressen über verschiedene Links bei unterschiedlichen Wegen bringt dagegen Zeitvorteile.

- Innerhalb des lokalen Speichers der Transputer ist ein Kopieren großer Datenfelder wegen des erforderlichen Zeitaufwandes zu vermieden.

- Der Rechenzeitaufwand für den Linkprozess ist möglichst gering zu halten. Durch seine Priorität muß ein Datenaustausch ohne lange Wartezeiten sichergestellt sein.

Da die Kommunikation im parallel aufgebauten Rechnersystem des Kollisionsschutzes ein zentraler Bestandteil der Software ist, wird im folgenden kurz auf ihre Realisierung unter besonderer Berücksichtigung der verwendeten Transputer-Hardware näher darauf eingegangen.

8.3.1 Aufbau der Nachrichtenpuffer

Die Nachrichten werden vom Linkprozeß als ein Datenblock betrachtet. Informationen über Inhalt und Struktur der Daten in der Nachricht sind nur beim Sende- und Empfangsprozeß vorhanden. Im Kollisionsschutzsystem werden zwei Arten von Nachrichten versendet. Sie unterscheiden sich in Umfang und in der Art der Behandlung bei den Sende- und Empfangsprozessen.

- Prozeßnachrichten dienen der Synchronisation und der Vermittlung von Informationen zwischen den einzelnen Prozessen. Die maximale Grösse eines Nachrichtenblockes beträgt 200 Worte a' 32 Bit.

- Geometriedaten beinhalten eine Geometriebeschreibung eines Elementes. Ihre Größe wird durch die maximale Anzahl von Punkten und Flächen einer Geometrie bestimmt. Daraus ergibt sich ein maximaler Speicherplatzbedarf von 1600 Worten a' 32 Bit.

OCCAM erlaubt eine Kommunikation zwischen zwei parallelen Prozessen nur über Kanäle. Dies hat zur Folge, daß bei einer Kommunikation zwischen zwei Prozessen über einen Kanal auf dem gleichen Prozessor der Nachrichtenblock kopiert wird, was sich besonders bei den größeren Geometriefeldern Nachteilig auf die Kommunikationsgeschwindigkeit auswirkt. Eine Möglichkeit der Nachrichtenweitergabe ohne Kopieren ist die Definition eines global auf einem Prozessor vereinbarten Nachrichtenfeldes, in welchem mehrere Nachrichtenpuffer eingetragen werden können. Innerhalb des lokalen Speichers eines Transputers wird damit nicht mehr das ganze Feld kopiert, sondern nur noch die entsprechenden Puffernummern [63]. Die Verwaltung der freien Puffer und der belegten sendebereiten Puffer übernimmt der Linkprozess.

Auf Grund der beiden Datenfeldgrößen sind zwei globale Felder für die Nachrichten- und die Geometriepuffer erforderlich.

Die Puffer bestehen aus der Nachricht und dem Identifikationsteil. Die Nachricht besteht im Falle des Nachrichtenpuffers aus einem oder mehrere Tags für die Nachrichtenart, jeweils gefolgt von den entsprechenden Variabeln.

Im Identifikationsteil sind die Anzahl der Empfänger, die Empfängeradressen, die Absenderadresse und die Größe der Nachricht eingetragen. Die Größenangabe wird verwendet, um nur den belegten Teil eines Puffers zu versenden. Der Weg vom Absender zum Empfänger ist für jeden Transputer in einer Wegematrix beschrieben. Erhält der Linkprozeß eines Transputers einen Sendeauftrag, so sucht er in der Wegematrix unter dem Index seiner Prozessornummer und dem Index des Empfängerprozessors die Link über die gesendet werden muß. Dieser Vorgang wird auf den folgenden Transputern wiederholt bis der Empfänger erreicht ist. Der Weg der Nachrichten kann durch Modifikation der Wegematrix geändert werden. Auf dem Empfängerprozessor wird der Zielprozeß vom Linkprozeß benachrichtigt.

Als maximale Zahl von Zieladressen hat sich 5 als sinnvoll erwiesen, da im besten Fall über jede der 4 Links sowie an einen lokalen Prozeß gleichzeitig gesendet werden kann.

8.3.2 Struktur des Linkprozesses

Um Wartezeiten von Prozessen auf Nachrichten zu vermeiden ist eine schnelle Abwicklung der Kommunikation gefordert. Die Links des Transputer sind selbstständige DMA- (Direct Memory Access) Einheiten, die hohe Datenraten ohne wesentliche Belastung des Prozessors übertragen können. Eine wichtige Forderung ist in diesem Zusammenhang die Entkopplung der Linkkommunikation und der Prozesse, welche dadurch realisiert werden kann, daß der Linkprozeß parallel zu den anderen Prozessen arbeitet. Kurze Wartezeiten können durch eine hohe Priorität des Linkprozesses erreicht werden. Als positiver Nebeneffekt der hohen Priorität ergibt sich ein geringer Synchronisationsaufwand für die paralleln Prozesse des Linkprozesses, da sie nicht unterbrochen werden könne. In Bild 8.5 ist die interne Prozeßstruktur des Linkprozesses gezeigt.

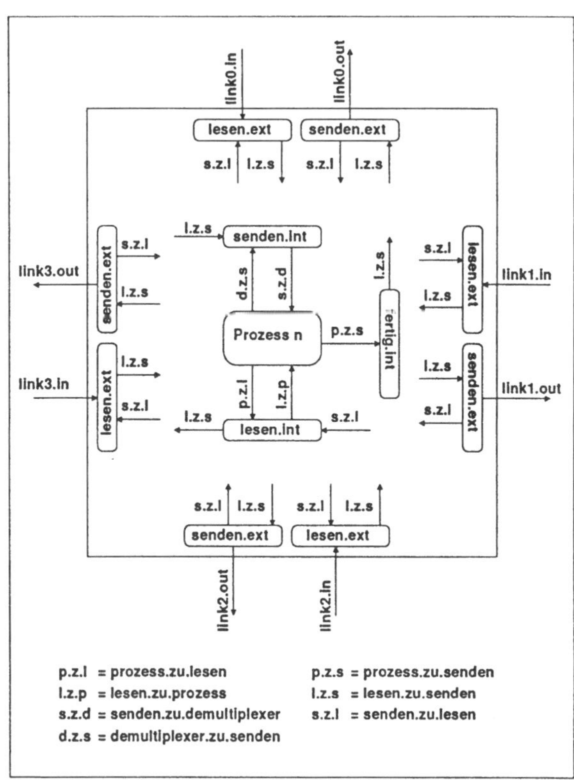

Bild 8.5: Die parallelen Prozesse des Linkprozesses.

Für jede ankommende Transputerlink existiert ein Empfangsprozeß (lesen.ext) und für jede abgehende Transputerlink gibt es einen Sendeprozeß (senden.ext). Analog hat jeder lokale Prozeß einen Empfangsprozeß (lesen.int) und einen Sendeprozeß (senden.int) zugeordnet.

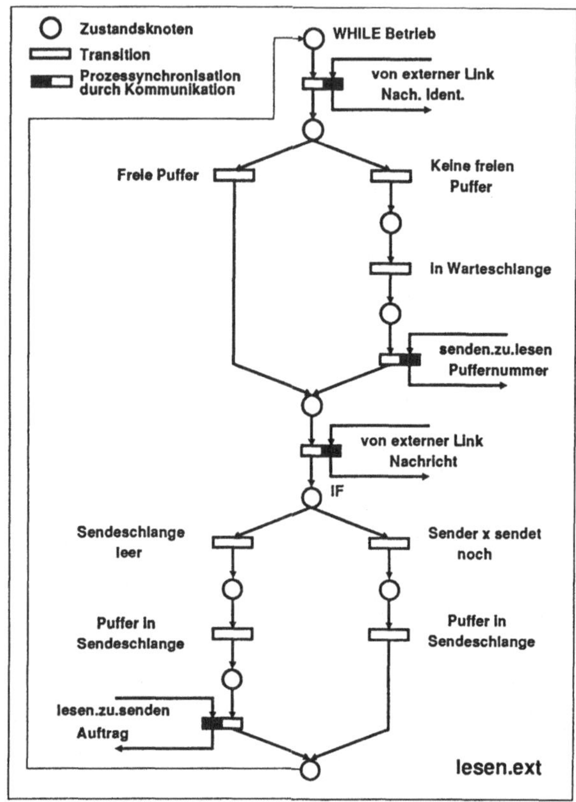

Bild 8.6: Synchronisationsgerüst des Prozesses lesen.ext.

Der Prozeß lesen.ext (Bild 8.6) wartet an der Transputerlink auf die Ankunft einer Nachricht. Alle Nachrichten, die über eine Link gesendet werden, sind in zwei Teile Aufgeteilt. Der erste Teil einer Nachricht dient der Initialisierung des Empfangsprozesses und enthält den Identifikationsteil des folgenden Puffers mit der Absender- und den Zieladressen und einem Tag für die Kennzeichnung, ob eine Prozeßnachricht oder eine Geometrieinformation gesendet wird und welcher Puffer demzufolge vorbereitet werden muß. Es wird geprüft, ob noch ein freier Puffer des gewünschten Typs im globalen Feld vorhanden ist. Wenn kein Puffer frei ist, trägt der Prozeß lesen.ext seine Identität in eine Warteschlange ein und wartet auf die Nummer eines freien Puffers nach dem nächsten Sendevorgang. Nach dieser Initialisierung wird der Datenblock der Nachricht von der Link direkt in den bereitgestellten Puffer eingelesen. Anschliessend überprüft lesen.ext alle Zieladressen und benachrichtigt die entsprechenden Sendeprozesse.

Der Prozeß lesen.int (Bild 8.7) arbeitet anlog zu lesen.ext. Die beiden Leseprozesse unterscheiden sich nur durch den Schreibvorgang in den Puffer, der bei lesen.int vom lokalen Prozeß durchgeführt wird. Dieser meldet bei lesen.int einen Kommunikationswunsch mit dem entsprechenden Puffertyp an. Ist ein freier Puffer vorhanden, wird dieser von lesen.int dem lokalen Pro zeß über den Kanal lesen.zu.prozess mitgeteilt. Wenn kein Puffer zur Verfügung steht, wartet lesen.int auf den nächsten frei werdenden Puffer. Der lokale Prozeß beschreibt den Puffer mit der Nachricht und meldet das Ende des Schreibvorganges an lesen.int, welcher daraufhin den Sendevorgang veranlaßt.

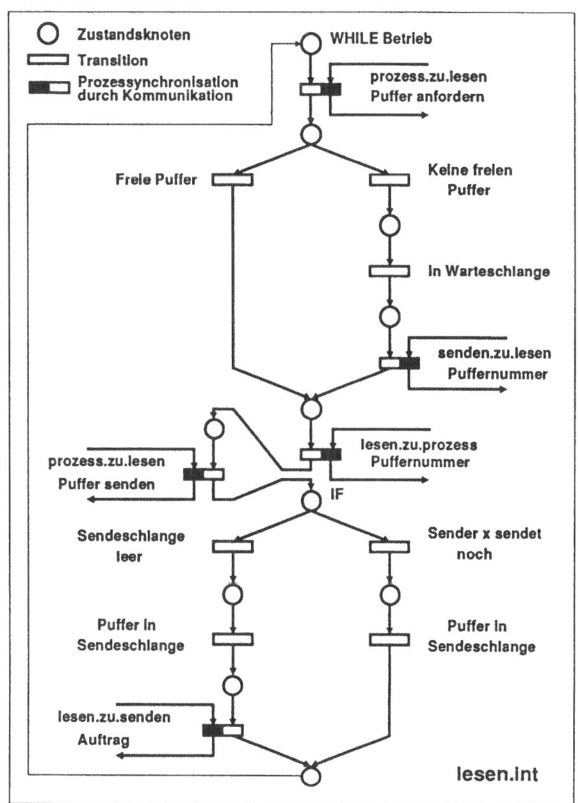

Bild 8.7: Synchronisationsgerüst des Prozesses lesen.int.

Der Prozeß senden.ext (Bild 8.8) überprüft nach der Initialisierung, ob Sendeaufträge vorliegen. Sind keine Sendeaufträge vorhanden, so wartet er auf den nächsten Sendeauftrag an dem Kanal lesen.zu.senden. Liegt ein Sendeauftrag in Form einer Puffernummer vor, werden alle Zieladressen die über seine Link zu erreichen sind in einen neuen Identifikationsteil eingetragen. Anschließend sendet er diesen Identifikationsteil, gefolgt von der Nachricht an den Nachbartransputer ab und gibt anschliessend den Puffer wieder frei oder übergibt ihn direkt an einen Prozeß, der auf einen Puffer wartet.

Bei einem Sendeauftrag an mehrere Zieladressen, welche über verschiedene Hardwarelinks zu erreichen sind, kann von mehreren Sendeprozessen parallel aus dem gleichen Puffer gelesen und gesendet werden.

Der Prozeß senden.int unterscheidet sich von senden.ext dadurch, daß er nicht den Puffer versendet, sondern nur die Puffernummer an den lokalen Prozeß über den Kanal senden.zu.demuxer weitergibt (Bild 8.9). Der lokale Prozeß kann diesen Puffer exklusiv nutzen, bis er den Puffer durch eine Meldung an senden.int wieder frei gibt.

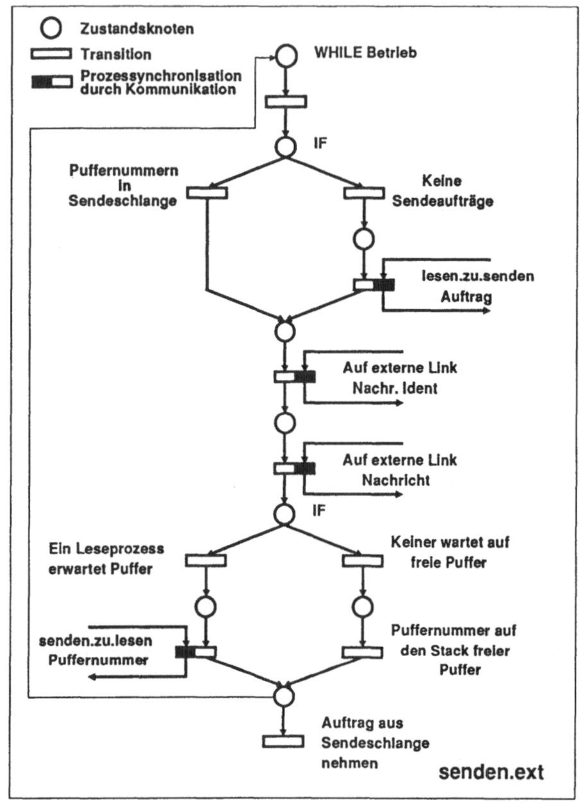

Bild 8.8: Synchronisationsgerüst des Prozesses senden.ext.

In diesen Ausführungen wurde nicht speziell auf die beiden Nachrichtentypen eingegangen. Prinzipiell ist die Struktur für beide Typen identisch. Der einzige Unterschied besteht darin, daß um auf die Felder mit der richtigen Größe zugreifen zu können, Fallunterscheidungen getroffen werden.

Die Geometrieblöcke des Simulationsmodells werden in einem globalen Feld, dem Geometriefeld im Speicher der Transputer abgeleget. Im Netzwerk werden die Geometrien in den Geometriepuffer versendet. Ist ein Geometriepuffer an den Linkprozeß auf einem Transputer und nicht an einen lokalen Prozeß adresssiert, werden die Daten ins globale Geometriefeld geschrieben und sind somit für alle Prozesse auf dem Transputer zugänglich. Geometriepuffer können auch an einen lokalen Prozeß gesendet werden und stehen dann nur diesem zur Verfügung.

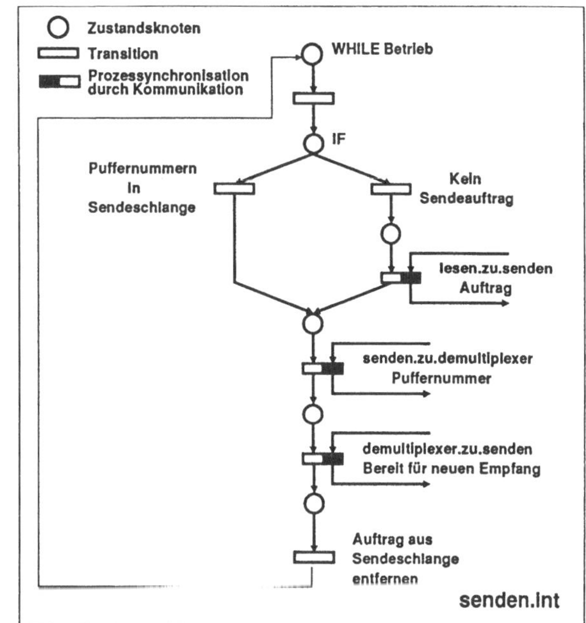

Bild 8.9: Synchronisationsgerüst des Prozesses senden.int.

Um eine Verklemmungsfrei Kommunikation zu ermöglichen, müssen auf jedem Transputer genügend Puffer von jedem Typ zur Verfügung stehen. Dabei ist zu berücksichtigen, daß nicht nur die Puffer für die Kommunikationen der auf diesem Prozessor allokierten Prozesse, sonder auch für die Kommunikationen über mehrere Prozessoren hinweg vorhanden sein müssen, da alle Nachrichten vor dem weiterreichen gepuffert werden.

8.4 Ergebnisse beim praktischen Einsatz des Kollisionsschutzes

Ein entscheidendes Kriterium für den Einsatz eines Kollisionsschutzsystems in einer Werkzeugmaschine ist neben dem Kostenfaktor und dem zusätzlichen Aufwand für die Erstellung der Geometrimodelle der Einfluß des Kollisionsschutzes auf die Maschine während der Fertigung. Der Idealfall eines völlig transparenten Betriebes des Kollisionsschutzsystems im Hintergrund läßt sich bei bestimmten Fertigungsbedingungen nicht erreichen, da die Rechenzeit für einen Testzyklus des Kollisionsschutzes bedingt durch die Rechenleistung der verwendeten Hardware nicht unter die Zeit T_k gesenkt werden kann. Die Folge davon ist, daß sich die Bearbeitungszeit eines NC-Programmes mit vielen kurzen Sätzen, bei denen die Maschine auf die Freigabe durch den Kollisionsschutz warten muß, erhöht und auch ein negativer Einfluß auf die Qualität der Werkstückoberfläche durch das kurzzeitige verweilen des Werkzeuges an einer Stelle bei einem Satzwechsel nicht ausgeschlossen werden kann. Kann dies nicht akzeptiert werden, so muß die Bearbeitungsgeschwindigkeit reduziert oder das Kollisionsschutzsystem abgeschaltet werden.

Im folgenden wird anhand von einigen typischen Bearbeitungssituationen für eine Vierachsendrehmaschine der Einfluß des Kollisionsschutzsystems auf die Bearbeitungszeit von NC-Programmen gezeigt. Eine nähere Analyse bei einem Verfahren der Maschine im Handbetrieb ist nicht erforderlich, da die Verzögerung von der Eingabe bis zu einer Reaktion der Maschine in der Größe von T_k liegt und damit vom vom Bediener praktisch nicht wahrgenommen wird.

In Bild 8.10 ist die Meßumgebung dargestellt. Der PC dient als Hostrechner für die Erstellung der Gometriedaten des Simulationsmodells. Mit dem in die Maschinensteuerung integrierten Kollisionsschutzrechner ist er über eine Transputerlink verbunden. Der Kollisionsschutzrechner ist aus zwei in Kapitel 8.1.5 beschrieben Transputerlpatinen mit zusammen acht Prozessoren aufgebaut. Zusätzlich ist noch eine Grafikplatine mit einem weiteren Transputer für die Ausgabe des Simulationsmodells und für Meldungen während des Meß- und Testbetriebes an den Kollisionsschutzrechner angeschlossen. Die Verbindung zu der Maschinensteuerung wird über den mpst-Bus hergestellt.

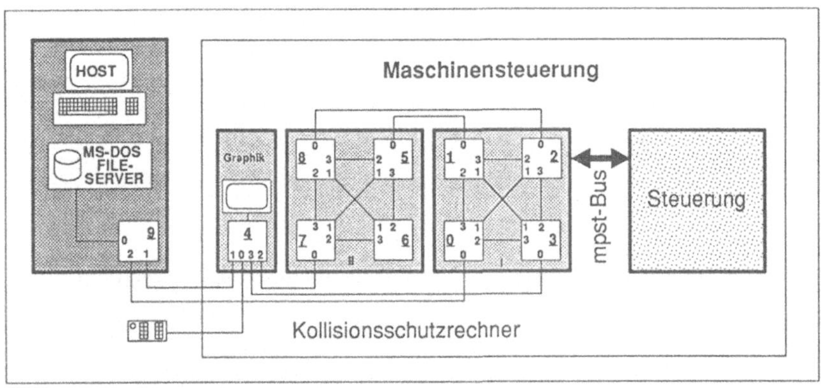

Bild 8.10: Testumgebung für das Kollisionsschutzsystem mit Hostrechner, Grafikausgabe und Maschinensteuerung. Die unterstrichenen Zahlen sind die logischen Nummern der Transputer, die kleineren Zahlen daneben bezeichnen die Nummern der Links.

Die gewählte Konfiguration der Vierachsendrehmaschine besteht aus zwei Schlitten mit je einem Werkzeugrevolver, einem Reitstock mit Pinole und Reitstockspitze, Spannfutter, Spannbacken und einem zylindrischen Werkstück. In jedem Werkzeugrevolver sind alle zwölf Werkzeugplätze belgt. Das Werkzeugsortiment besteht aus verschiedenen Innen- und Außendrehmeißeln und verschiedenen Bohrern mit den zugehörigen Werkzeughaltern. Vor allem Bohrer sind für einen Testbetrieb unter Worst Case Bedingungen sehr gut geeignet, da sie durch ihre runde Form im Modell aus sehr vielen Flächen dargestellt werden und damit einen hohen Rechenleistungs- und Speicherplatzbedarf haben. Das gesamte Simulationsmodell ist aus ca. 2900 Flächen und 3700 Punkten mit noch unbearbeitetem Werkstück aufbaut. In der Kollisionstestmatrix ergeben sich 358 Testpaarungen.

Auf dem Transputernetzwerk sind die Aufgaben und Geometriedaten des Simulationsmodells für die Kollisionstests wie folgt allokiert:

Transputer 0:
Ablaufsteuerung, kein Kollisionstest
Transputer 1:
Bewegungssimulation und Hüllvolumengenerierung Schlitten 1
Kollisionstest Hüllvolumen 1 / Werkstück
Transputer 2:
Bewegungssimulation und Hüllvolumengenerierung Schlitten 2
Kollisionstest Hüllvolumen 2 / Werkstück
Transputer 3:
Grafikrechnung, komplettes Simulationsmodell
Transputer 4:
Grafikdarstellung
Transputer 5:
Werkstückaktualisierung
Kollisionstest Hüllvolumen 1 / Werkstück
Transputer 6:
Kollsionstest Schlitten 1 / Schlitten 2, Schlitten 1 / Werkstück, Schlitten 2 / Werkstück
Transputer 7:
Kollisionstest Maschinenraum / Schlitten 2, Hüllvolumen 1 / Maschinenraum, Hüllvolumen 1 Schlitten 2
Transputer 8:
Kollisionstest Maschinenraum / Schlitten 1, Hüllvolumen 2 / Maschinenraum, Hüllvolumen 2 Schlitten 1

Die Zykluszeit T_k des Kollisionsschutzes ist auf 200 ms eingestellt.

Für die Bearbeitung sind folgende Beispiele ausgewählt:

- Zyklus Längsdrehen mit einem und mit zwei Schlitten
- Zyklus Kreisbearbeitung mit zwei Schlitten mit konstantem und variablem Radius
- Bearbeitung eines einfachen Werkstückes
- Konturzyklus für die Ermittlung der minimalen und maximalen Laufzeitabweichungen

Bei den verschiedenen Messungen wird die Laufzeit der Programme und die Bearbeitungsgeschwindigkeit durch verändern der Parameter Drehzahl und Zustellung variiert und der Einfluß der Kollisionsrechnung auf die Programmlaufzeit ermittelt. Jeder in die Tabellen aufgenommene Meßwert ist der Mittelwert aus drei durchgeführten Messungen.

Die gemessenen Größen sind

- T_{kr} [ms]: Maximale Rechenzeit des Kollisionsschutzes für einen Testzyklus
- T_p [s]: Programmlaufzeit für die Bearbeitung ohne Kollisionsschutz
- T_{pks}: Programmlaufzeit für die Bearbeitung mit Kollisionsschutz
- $A_{pks} = (\frac{T_{pks}}{T_p} - 1) \cdot 100$ [%]: Abweichung der Laufzeit bei einer Bearbeitung mit Kollisionsschutz bezogen auf die Bearbeitung ohne Kollisionsschutz.

Der Vorschub bei der Bearbeitung ist bei allen Messungen auf 1.0 mm/U eingestellt. Der Vorschub im Eilgang beträgt 9 m/min. Die Drehzahl wird zwischen 600, 1200 und 2400 U/min variiert. Bezogen auf die Zeit ergeben sich bei Bearbeitung damit Vorschübe von 10.0, 20.0 und 40.0 mm/s, bei Eilgang 150.0 mm/s.

Zyklus Längsdrehen

In der Tabelle 1 sind die Ergebnisse bei einer Bearbeitung mit zwei Schlitten dargestellt. Die Meßwerte bei einer Bearbeitung mit nur einem Schlitten sind durch die Parallelverarbeitung praktisch identisch. In den Spalten ist der Einfluß durch die Bearbeitungsgeschwindigkeit, in den Zeilen durch die Zustellung zu erkennen. Die Auswertung der Messungen zeigt, daß bei diesem Zyklus bei hohen Arbeitsgeschwindigkeiten und kleinen Bearbeitungsweglängen L der

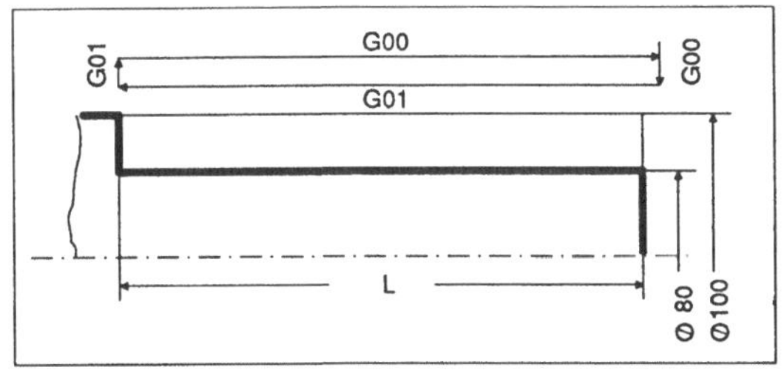

Bild 8.11: Bearbeitungsbeispiel Zyklus Längsdrehen mit den verwendeten NC-Funktionen.

Kollisionsschutz die Echtzeitbedingung nicht mehr einhalten kann und eine Beinflussung der Bearbeitung erfolgt. Bei langsameren Bearbeitungsgeschwindigkeiten oder grösseren Bearbeitungsweglängen ist die Zeit für das Kollisionsschutzsystem ausreichend, um die kurzen Sätze bei den Zustell- und Freifahrbewegungen durch die Vorausberechnung im Kollisionsschutz bereits zu testen. Sie wirken sich daher nicht nachteilig aus, obwohl die Maschine diese Sätze in einer Zeit kleiner T_k passiert. Damit werden die theoretisch zu erwartenden Werte gemäß dem Kapitel 4.8 bestätigt. Die Verzögerung zu Beginn eines Programmes bis zur Freigabe des ersten Satzes tritt nicht in Erscheinung, da der erste Satz vom Kollisionsschutz bereits in der Zeit vom Aufruf des Programmes bis zum Betätigen der Starttaste geprüft wird.

Vorschub 1.0		Drehzahl								
		600			1200			2400		
T_k 200		Länge L			Länge L			Länge L		
		20	40	80	20	40	80	20	40	80
Zustellung I: 4	T_{kr}	*45.632*	*45.694*	*45.123*	*45.642*	*45.821*	*45.128*	*45.648*	*45.593*	*45.078*
	T_p	*9.073*	*15.488*	*28.300*	*4.991*	*8.331*	*15.134*	*3.078*	*4.751*	*8.553*
	T_{pks}	*9.073*	*15.488*	*28.300*	*4.916*	*8.331*	*15.134*	*2.841*	*4.751*	*8.553*
	A_{pks}	*0.0*	*0.0*	*0.0*	*1.525*	*0.0*	*0.0*	*8.342*	*0.0*	*0.0*
Zustellung I: 2	T_{kr}	*45.480*	*45.721*	*45.532*	*45.560*	*45.563*	*45.614*	*45.645*	*45.563*	*45.536*
	T_p	*16.749*	*29.378*	*55.008*	*9.451*	*15.941*	*29.375*	*6.000*	*9.412*	*16.560*
	T_{pks}	*16.548*	*29.378*	*55.008*	*8.935*	*15.764*	*29.375*	*5.136*	*8.956*	*16.560*
	A_{pks}	*1.214*	*0.0*	*0.0*	*5.775*	*1.122*	*0.0*	*16.822*	*5.091*	*0.0*
Zustellung I: 1	T_{kr}	*45.515*	*45.534*	*45.426*	*45.576*	*45.591*	*45.589*	*45.703*	*45.588*	*45.619*
	T_p	*33.099*	*57.041*	*108.183*	*18.816*	*30.855*	*57.726*	*11.674*	*18.852*	*32.499*
	T_{pks}	*31.273*	*56.933*	*108.183*	*16.857*	*30.516*	*57.726*	*9.649*	*17.290*	*32.499*
	A_{pks}	*5.838*	*0.189*	*0.0*	*11.621*	*1.112*	*0.0*	*20.986*	*9.034*	*0.0*

Tabelle 1: Meßwerte für Zyklus Längsbearbeitung mit zwei Schlitten .

Zyklus Kreisbearbeitung mit konstantem Radius

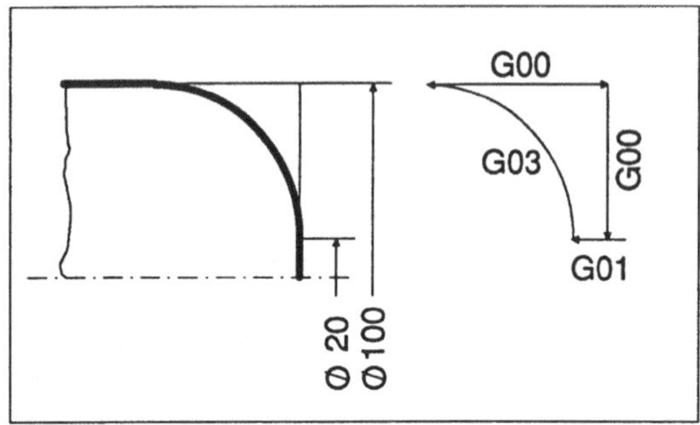

Bild 8.12: Bearbeitungsbeispiel Zyklus Kreisbearbeitung mit den verwendeten NC-Funktionen.

Bei dem hier gewähltem Beispiel mit einem Radius von 40 mm wird der Vorschub der Maschine bei keiner der Messungen vom Kollisionsschutz reduziert und es ergibt sich daher auch kein Einfluß auf die Bearbeitungszeit. Das bereits bei Zyklus Längsdrehen gesagte gilt auch für diesen Fall der Kreisbearbeitung. Als Unterschied zur Längsbearbeitung ergab sich mit im Schnitt ca. 55 ms eine um etwa 10 ms längere Rechenzeit bei der Kollisionsrechnung. Die Ergebnisse sind hier nicht dargestellt, da sie bis auf andere Zahlenwerte mit dem Zyklus Längsdrehen identisch sind.

Zyklus Kreisbearbeitung mit kleiner werdendem Radius

Für dieses Beispiel gilt ebenfalls die in Bild 8.12 gezeigte Bearbeitungsfolge, es wird jedoch der Radius mit jeder Zustellung bis auf den Wert 0 verkleinert.

Durch den kleiner werdenden Radius und durch die hohe Bearbeitungsgeschwindigkeit ergibt sich hier der Fall, daß der Kollisionsschutz die Echtzeitbedingung nicht mehr einhalten kann. Um zu gewährleisten, daß die Maschine den Kollisionsschutz nicht überholt und noch nicht geprüfte Verfahrbewegungen ausführt wird der Vorschub der Maschine vom Kollisionsschutz reduziert. Die Abweichung der Programmlaufzeit liegt zwischen 0.336 und 7.789%. Die längste Berechnung des Kollisionsschutzes dauerte 65.774 ms. Aus den Meßwerten ist zu erkennen, daß sich in der Regel mit steigender Bearbeitungsgeschwindigkeit und grösserer Zustellung ungünstigere Bedingungen für den Kollisionsschutz ergeben. Der einschränkende Faktor ist dabei die auf Worst Case ausgelegte Zykluszeit T_k, die bei dieser Bearbeitung erst zu rund einem drittel ausgeschöpft wird.

Vorschub 1.0		Drehzahl 600	1200	2400
Zustellung I 4	T_{kr}	*56.414*	*57.918*	*47.983*
	T_p	*85.033*	*43.885*	*23.326*
	T_{pks}	*85.294*	*44.560*	*24.448*
	A_{pks}	*0.336*	*1.538*	*4.810*
Zustellung I 2	T_{kr}	*65.774*	*57.779*	*48.396*
	T_p	*170.954*	*85.039*	*43.038*
	T_{pks}	*171.264*	*85.670*	*46.390*
	A_{pks}	*1.813*	*0.742*	*7.789*
Zustellung I 1	T_{kr}	*65.151*	*48.446*	*57.300*
	T_p	*342.100*	*88.207*	*88.207*
	T_{pks}	*343.603*	*90.497*	*90.497*
	A_{pks}	*0.439*	*0.504*	*2.596*

Tabelle 2: Meßwerte für Zyklus Kreisbearbeitung mit zwei Schlitten .

Komplettbearbeitung eines einfachen Werkstückes

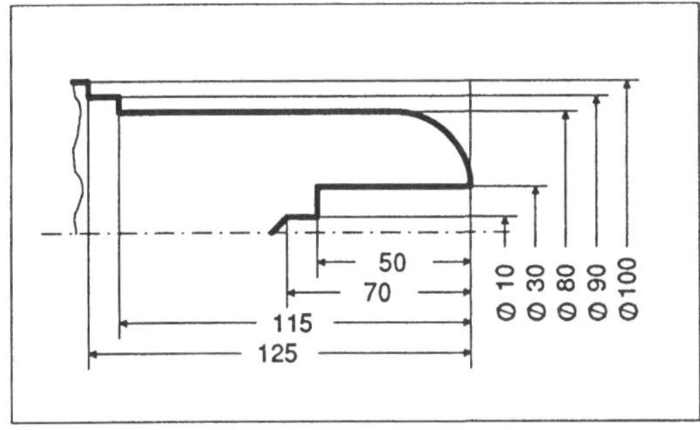

Bild 8.13: Bearbeitungsbeispiel für eine Komplettbearbeitung eines einfachen Werkstückes.

Bei diesem Beispiel wurde mit Absicht eine für den Kollisionsschutz ungünstige Programmierung mit mehreren aufeinanderfolgenden kurzen Sätzen gewählt. Es ergibt sich daher mit Kollisionsschutz eine längere Programmlaufzeit als ohne. Sie liegt im Bereich von 1.298 bis 2.149% über der Laufzeit ohne Kollisionsschutz. Bei der Bearbeitung des Werkstückes ist vor allem die sich ergebende maximale Rechenzeit des Kollisionsschutzes interessant. Sie resultiert aus der Bearbeitungssituation Bohrer in der Bohrung, bei der die große Flächenanzahl des Hüllvolumens des Bohrers mit den die Bohrung beschreibenden Flächen des Werkstückes mathematisch auf Kollision getestet werden muß. Die maximale Rechenzeit des Kollisionsschutzes liegt mit 193.347 ms knapp unter Zykluszeit für die Kollisionsrechnung und damit kurz vor einer Verletzung der Echtzeitbedingung.

Vorschub 1.0		Drehzahl 600	1200	2400
Zustellung I = 2	T_{kr}	*191.228*	*193.347*	*192.998*
	T_p	*185.097*	*101.430*	*8.001*
	T_{pks}	*182.418*	*100.130*	*56.781*
	A_{pks}	*1.468*	*1.298*	*2.149*

Tabelle 3: Meßwerte für die Bearbeitung eines einfachen Werkstückes mit zwei Schlitten.

Konturzyklus für die Ermittlung der Grenze für eine Kollisionsrechnung unter Echtzeitbedingungen

Die in diesem Konturzyklus gemessenen NC-Funktionen bestehen ausnahmslos aus G01-Sätzen mit einer programmierten Weglänge von 5 mm. Durch eine Variation der Drehzahl kann die Bearbeitungsgeschwindigkeit von einer Schritthaltenden Kollisionsrechnung ohne Beinflussung der Maschine bis an die Grenzen der Rechngeschwindigkeit des Kollisionsschutzsystems erhöht werden. In der Folge davon muß die Maschine bei jedem Satz auf die Freigabe warten und es ergibt sich die minimale Laufzeit eines Programmes mit Kollisionsschutz. Diese Zeit kann auch durch weiteres erhöhen der Bearbeitungsgschwindigkeit nicht unterschritten werden.

Der programmierte Zyklus besteht aus der Anzahl $n_p = 64$ Programmschritten. Die theoretisch minimale Programmlaufzeit ergibt sich dabei zu $T_{pksmin} = n_p \cdot T_k = 64 \cdot 200\ ms = 12.8\ s$.

Dieser Wert wurde mit den gemessenen minimalen Werten um 13.2 Sekunden relativ gut erreicht.

Vorschub 1.0	Drehzahl 500	1000	2000	3000
T_p	*38.842*	*19.876*	*10.577*	*7.633*
T_{pks}	*38.842*	*19.876*	*13.209*	*13.234*

Tabelle 4: Meßwerte für die Ermittlung der Grenze für eine Kollisionsrechnung unter Echtzeitbedingungen.

9 Zusammenfassung

In dieser Arbeit wird eine Realisierungsmöglichkeit für einen dreidimensionalen Kollisionsschutz für Drehmaschinen unter Echtzeitbedingungen vorgestellt.

Die Kollisionsrechnung wird anhand eines Polyedermodells der Maschine durchgeführt. Dieses Modell wird mit einem Konfigurationsprogramm aus den von einem CAD-System in eine Bibliothek übernommen Einzelteilen der Maschine unter Berücksichtigung der kinematischen Struktur generiert.

Die Bewegungen der Maschine werden vom Kollisionsschutzsystem im voraus simuliert und auf Kollisionen untersucht. Dabei werden die von den einzelnen Maschinenkomponenten durchlaufenen Volumina abhängig von der geforderten Darstellungsgenauigkeit auf zwei unterschiedliche Arten berücksichtigt. Alle nicht an der Bearbeitung des Werkstückes beteiligten Maschinenkomponenten werden mit einer zur Konfigurationszeit fest definierten Schutzzone umgeben. Die Werkzeuge und das Werkstück werden mit ihren exakten Abmessungen im Simulationsmodell abgebildet. Bei einer Bewegung der Werkzeuge wird das durchlaufene Volumen aus der Start- und Endposition berechnet und für die Kollisionsrechnung verwendet.

Die Kollisionsprüfung der Maschinenkomponenten gegeneinander wird, um kurze Rechenzeiten zu erhalten, in einem dreistufigen Verfahren durchgeführt. Zuerst wird anhand der Maximalabmessungen beider Maschinenteile überprüft, ob eine Kollision möglich ist oder ob die Entfernung so groß ist, daß keine Berührungen stattfinden können. Überlappen sich Teile der beiden Hüllquader, so werden alle davon betroffenen Flächen der beiden Maschinenteile wieder anhand ihrer Maximalabmessungen auf eine Kollisionsmöglichkeit geprüft. Besteht die Möglichkeit einer Kollision, werden diese Flächen mit einem exakten mathematischen Verfahren untersucht. Bei einer erkannten Kollision wird die Maschine angehalten.

Die Hardware des Kollisionsschutzsystems für eine Integration in den Versuchsträger, eine Vierachsendrehmaschine, besteht aus einem Mehrprozessorsystem auf Transputerbasis. Mit Hilfe eines Grafiksystems besteht eine Kontrollmöglichkeit für den Bediener.

Durch eine Überwachung aller Bewegungsfunktionen der Maschine sowohl von NC-Programmen wie auch durch Bedienereingaben ist ein umfassender Kollisionsschutz möglich. Die wichtigste Voraussetzung für eine richtige Kollisionsrechnung ist, abgesehen von korrekten Algorithmen bei der Implementierung des Kollisionsschutzsystems, die Übereinstimmung des Simulationsmodelles mit der tatsächlichen Maschinenkonfiguration.

Die Zielsetzung einer von der Maschine völlig unbemerkten Kollisionsüberwachung kann nicht unter allen Bedingungen sichergestellt werden. Vor allem bei hohen Vorschüben, komplexen Simulationsmodellen und mehreren kurzen Verfahrsätzen muß die Maschine unter Umständen auf die nächste Satzfreigabe durch das Kollisionsschutzsystem warten.

Ein wirtschaftlicher Einsatz einer auf der Basis des vorgestellten Systems beruhenden Kollisionsüberwachung ist zum gegenwärtigen Zeitpunkt noch nicht gegeben. Dies ist einerseits bedingt durch die hohen Kosten von ca. 10 bis 15 TDM für die Hardware des Kollisionsschutzrechners, andererseits durch den hohen Aufwand bei der Generierung des Simulationsmodells für den Betrieb des Kollisionsschutzes. Sowohl für die Konstruktion der einzelnen Maschinenkomponenten auf einem 3D-CAD-System als auch für die Erstellung des Konfigurationsplanes für das Simulationsmodell ist qualifiziertes Personal erforderlich. Ein großes Problem bei einem Einsatz des Kollisionsschutzes unter Fertigungsbedingungen ist die Überprüfung der Übereinstimmung von Simulationsmodell und realer Maschinenumgebung. Für diese Aufgabe ist eine Ausrüstung der Maschine mit Werkzeugkodiersystemen [43, 89] und weiterer Sensorik oder Optik für die Erkennung des Werkstückes und der Spannmittel notwendig, wodurch der Anschaffungspreis der Maschine weiter steigt und der Rüstaufwand für den Betrieb durch die zusätzlich erforderlichen Informationen für diese Überwachungseinrichtungen zunimmt.

Ein wirtschaftlicher Einsatz einer Kollisionsüberwachung ist vor allen Dingen von der weiteren Entwicklung in der Mikroelektronik für die Realisierung einer leistungsfähigen, kostengünstigen Rechnerhardware für den Kollisionsschutz und von den Möglichkeiten einer einfachen Konstruktion der Maschinenkomponenten für das Simulationsmodell auf einem CAD-System abhängig. Mit einer zufriedenstellenden Lösung dieser beiden Punkte ist einem künftigen kollisionsgeschützten Betrieb der Drehmaschinen der Weg geebnet.

10 Literaturverzeichnis

[1] *Adner, H.; Kiess, W.*
Formschlüssige Überlastkupplung für Werkzeugmaschinen-Vorschubantriebe.
Maschinen-Bau-Technik, 1981, Nr. 2, S. 59 - 60.

[2] *Arnold, W.; Scherer, J.*
Adaptive Control beim Drehen, Fräsen und Bohren.
Werkstatt und Betrieb, 1982, Nr. 8, S. 50 - 52.

[3] *Balbach, J.; Soliman, M.A.*
Automatische Kollisionsüberwachung und Werkzeugmaß-Ermittlung für die Drehbearbeitung.
Industrieanzeiger Nr. 36 vom 5.5.1982, S. 50 - 52.

[4] *Bischoff, E.*
Überlastschutz schon an der Spindelmutter - Wo keine Masse da kein Schaden.
Industrie Anzeiger, 1984, Nr. 6, S. 22 - 23.

[5] *Brankamp, K.; Gehlert, K.*
Kollisions-, Bruch- und Verschleißüberwachung an CNC-Drehmaschinen.
Qualität und Zuverlässigkeit, 33, 1988, S. 13 - 16.

[6] *Brecker, J.; Shum, L.*
Tool Collision and Mashine Considerations in Adaptive Control Systems.
Annals of the CIRP, Vol. 25/1/1976

[7] *Bronstein, I. N.; Semendjajew, K.A.*
Taschenbuch der Mathematik
Verlag Harri Deutsch Thun und Frankfurt/Main, 1981.

[8] *Deck, M.; Schweizer, W.*
Großserienfertigung auf vierachsig gesteuerten CNC-Drehmaschinen.
Werkstatt und Betrieb 114, 1981, Nr. 9, S. 631 - 634.

[9] *Diedenhofen, H.*
CAD-Volumenmodelle zur Berechnung kollisionsfreier Positionierwege für 5-achsige NC-Maschinen.
CAD/CAM, 1985, Nr. 3, S. 62 - 67.

[10] *Diedenhofen, H.*
Anwendung von Algorithmen der rechnerunterstützten Konstruktion bei der Ermittlung kollisionsfreier Werkzeugwege für NC-Maschinen mit fünf Bewegungsachsen. Schriftenreihe des Instituts für Konstruktionstechnik der Ruhr-Universität Bochum, 1984, Heft 84.1.

[11] *Färber, G.*
Fehlertolerante Rechnersysteme für die Prozeßautomatisierung.
Regelungstechnische Praxis 24, 1982, Nr. 5, S. 160 - 168.

[12] *Färber, G.*
Prozessrechentechnik.
Springer-Verlag Berlin Heidelberg New York Tokyo, 1979.

[13] *Foley, J.D.; Van Dam, A.*
Fundamentals of Interactive Computer Graphics.
Addison-Wesley Publishing Company, 1982.

[14] *Frank, H.*
Programmier- und Überwachungsfunktionen für teileartbezogene NC-Werkzeugmaschinen.
ISW Forschung und Praxis, Berichte aus dem Institut für Steuerungstechnik der Werkzeugmaschinen und Fertigungseinrichtungen der Universität Stuttgart, Springer Verlag 1986.

[15] *Freund, E.; Hoyer, H.*
Ein Verfahren zu automatischen Kollisionsvermeidung für Roboter.
Robotersysteme, 1, 1985, S. 67 - 73.

[16] *Guttropf, W.; Müller, B.*
Leistungsmessung zum Überwachen von Werkzeugmaschinen.
Berner Rundschau, 1981, Nr. 7, S. 17 - 18.

[17] *Haferkorn, W.; Fingerber, W.*
Kollisionsschutz an Werkzeugmaschinen.
Werkstatt und Betrieb, 115, 1982, S. 575 - 577.

[18] *Hammer, H.; Potthast, A.*
Grafisch-dynamische Simulation für die Fräsbearbeitung.
Zeitschrift für wirtschaftliche Fertigung 80, 1985 S. 372 - 378.

[19] *Harrington, S.*
Computer Graphics; A Programming Approach.
McGraw-Hill, USA, 1983.

[20] *Herrscher, A.; Weser, A.; Kayser, K.H.; Schleifele, D.*
Graphische Simulation von Doppelschlittenbearbeitungen auf Drehmaschinen.
wt - Zeitschrift für industrielle Fertigung 75, 1985, Nr. 6, S. 363 - 366.

[21] *Hillis, W. D.*
Ultraschnelle Prozessornetzwerke.
Spektrum der Wissenschaft, 8, 1987.

[22] *Hohwieler, E.; Potthast, A.*
Grafisch-dynamische Simulation für die CNC-Doppelschlittenbearbeitung.
Zeitschrift für wirtschaftliche Fertigung 8, 1985 S. 342 - 348.

[23] *Inmos Limited.*
IMS T800 Transputer.
Inmos, 1988.

[24] *Inmos Limited.*
Occam 2 Reference Manual.
Prentice Hall, 1988.

[25] *Inmos Limited.*
Transputer Reference Manual.
Inmos, 1988.

[26] *Kayser, K.H.*
Kollisionserkennung in numerischen Steuerungen mit der Distanzfeldmethode.
ISW Forschung und Praxis, Berichte aus dem Institut für Steuerungstechnik der Werkzeugmaschinen und Fertigungseinrichtungen der Universität Stuttgart, Springer Verlag 1989.

[27] *Kisse, R..*
Kollision von Werkzeugmaschinenantrieben: -Analytische Untersuchung und Installation von Schutzeinrichtungen.
Maschinenbautechnik, 36, 1987, S. 259 - 264.

[28] *Klaus, W.; Seeger W.*
Mehrachsdrehen bis 3D.
NC-Fertigung, 5, 1983, S. 62 - 66.

[29] *Kläger, S.; Freitag, H.*
Möglichkeiten der Kollisionskontrolle von Industrierobotern.
Wissenschaftliche Zeitschrift der Technischen Hochschule Otto von Guericke, Magdeburg, 1985, S. 74 - 76.

[30] *Kohler, P.*
Automatisiertes Messen mit NC-Werkzeugmaschinen.
Dissertation, Stuttgart, 1985.

[31] *Leppälä, K.*
Utilization Of Parallelism In Transputer-Based Real-Time Control Systems.
Microprocessing an Microprogramming, 21, 1987, S. 629 - 636.

[32] *Milberg, J.; Wrba, P.*
Computer Aided Handling - eine CIM-Komponente.
Technische Rundschau, 1986, Nr. 7, S. 110 - 115.

[33] *Milberg, J; Pilland, U.*
Umfassender Kollisionschutz für Drehmaschinen.
Industrieanzeiger, 1986, Nr. 10, S. 34 - 38.

[34] *Milberg, J.*
Entwicklungstendenzen in der automatisierten Produktion.
Technische Rundschau, 1985, Nr. 37, S. 42 - 48.

[35] *mpst-Kreis e.V.*
mpst Systembeschreibung.
1987 mpst-Kreis e.V.

[36] *Müller, P.; Baeck, B.; Schmidt, W.*
Maschinennahe 3D-Simulation von Bearbeitungsvorgängen.
Werkstattstechnik, wt - Zeitschrift für Industrielle Fertigung, 1986, S. 624 - 628.

[37] *Müller, U.; Mehlers, H.*
Gezielte Maschinenüberwachung
Schweizer Maschinenmarkt, Nr. 48, 1983.

[38] *N.N.*
Blitzschnell abgekuppelt: NC-Sicherheitskupplungen verhindern Kollisionen.
Konstruktion und Design, 1983, Nr. 10, S. 36.

[39] N.N.
Überlastschutz an Vorschubachsen.
Konstruktion, Entwicklung und Design, 1984, Nr. 2, S. 34 - 39.

[40] N.N.
Automatischer Werkzeugwechsel mit WZ-System und Schneidenbruch-Sensor.
Maschine und Werkzeug, 1982, Nr. 11, S. 76.

[41] N.N.
Gegen Kapitalverlust Werkzeugüberwachung mit schneller Reaktionszeit.
Maschinen, Anlagen, Verfahren, 1989, S. 58 - 59.

[42] N.N.
Drehmomentbegrenzungskupplung mit Festpunkt.
Konstruktion und Elektronik, 1987, S. 58 - 59.

[43] N.N.
Werkzeuge: Überwachung per Computer - Die Fertigung wird sensibler.
Computer und Elektronik, 1986, S. 34 - 36.

[44] N.N.
DIN 66025: Programmaufbau für numerisch gesteuerte Arbeitsmaschinen.
Blatt 1: Allgemeines.
Beuth-Vertrieb GmbH, Berlin 30, Köln, 1972.

[45] N.N.
DIN 66025: Programmaufbau für numerisch gesteuerte Arbeitsmaschinen.
Blatt 2: Wegbedingungen und Zusatzfunktionen.
Beuth-Vertrieb GmbH, Berlin 30, Köln, 1972.

[46] N.N.
DIN 66025: Programmaufbau für numerisch gesteuerte Arbeitsmaschinen.
Blatt 3: Vorschübe und Spindeldrehzahlen.
Beuth-Vertrieb GmbH, Berlin 30, Köln, 1972.

[47] N.N.
DIN 66264: Teil 1; Mehrprozessorsteuersystem für Arbeitsmaschinen (MPST); Parallelbus.
Beuth-Vertrieb GmbH, Berlin 30, Köln.

[48] *N.N.*
DIN 66264: Teil 1; Mehrprozessorsteuersystem für Arbeitsmaschinen (MPST); Regeln für den Informationsaustausch.
Beuth-Vertrieb GmbH, Berlin 30, Köln.

[49] *Pascher, M.*
Kollisionen bei Werkzuegmaschinen vermeiden.
Industrie Anzeiger, 94, 1985, S. 82, 84.

[50] *Pilland, U.*
Echtzeitkollisionsschutz an NC-Drehmaschinen.
Dissertation, München, 1986.

[51] *Pilland, U.*
Anforderungen an einen umfassenden Kollisionsschutz für Drehmaschinen.
Industrieanzeiger, 1985, Nr. 6, S. 30 - 31.

[52] *Pilland, U.*
Eine wirtschaftliche Echtzeitkollisionserkennung für Drehmaschinen.
Industrieanzeiger, 1986, NR. 12, S. 38 - 39.

[53] *Pilland, U.*
Überwachung des Handbetriebs - eine wichtige Aufgabe für einen umfassenden Online-Kollisionsschutz.
Industrieanzeiger, 1986, Nr. 21, S. 43 - 44.

[54] *Pilland, U.*
Die Simulation des Zerspanungsprozesses durch einen Online-Kollisionsschutz.
Industreianzeiger, 1986, Nr. 34, S. 34 - 35.

[55] *Potthast, A.*
Dynamische Simulation des Bearbeitungsvorganges bei numerisch gesteuerten Drehmaschinen.
Hanser Verlag, München, Wien 1985.

[56] *Potthast, A.; Kwok, S.H.; Lim, Y.S.*
Rechnerische Kollisionskontrolle mit einem dynamischen 3D-Simulationssystem.
Zeitschrift für wirtschaftliche Fertigung 83, 1988, S. 153 - 157.

[57] *Pritschow, G.; Kayser, K.H.*
Dreidimensionale Echtzeitkollisionsüberwachung an Fertigungseinrichtungen.
wt Werkstattstechnik 77, 1987, S. 201 - 205.

[58] *Pritschow, G.; Schmidt, W.*
Entwicklung eines simulationsgerechten Geometriemodells für ein grafikunterstütztes Simulationssystem.
wt Werkstattstechnik 79, 1989, S. 99 - 103.

[59] *Pritschow, G.; Scheifele, D.*
Tendenzen in der Steuerungstechnik. Numerische Steuerungen.
Die Zukunft der Metallbearbeitung, Int. Kongreß zur AMB-Messe, 1986, IPA Stuttgart, S. 25 - 26.

[60] *Pritschow, G.*
Die flexible Fertigungszelle.
wt - Zeitschrift für industrielle Fertigung 75, 1985, S. 665 - 668.

[61] *Rahmacher, K.*
Simulation von NC-Programmen für moderne CNC-Drehmaschinen.
Zeitschrift für wirtschaftliche Fertigung 81, 1986, Nr. 2, S. 77 - 81.

[62] *Rahmacher, K.; Hesselmann, J.*
Erfahrungen bei der Entwicklung und Anwendung eines grafischen Prozess-Simulationssystems.
Zeitschrift für wirtschaftliche Fertigung 78, 1983, Nr. 6, S. 276 - 279.

[63] *Redfern, S.; Nestyak, G.*
Ergänzende Datenstrukturen in Occam
Chip Special: Transputer, 1989.

[64] *Reinhardt, F.; Soeder, H.*
dtv - Atlas zur Mathematik; Tafeln und Texte, Band 1.
Deutscher Taschnebuchverlag, 1974.

[65] *Reithofer, N.*
Darstellung von Verfügbarkeitsdaten aus der industriellen Praxis.
Vortrag auf dem AWF-Seminar Nutzungsverbesserung, Bad Soden, Dez. 1986.

[66] *Röhrle, J.; Möller, H.; Schmidt, W.; Viefhaus, R.*
Neue CNC-Funktionen durch zugeschnittenes Graphiksystem.
wt - Zeitschrift für industrielle Fertigung 75, 1985, S. 359 - 362.

[67] *O'Rourke, J.; Chien, C. B.; Olson, T.; Naddor, D.*
A new Linear Algorithm for Intersection Convex Polygons.
Computer Graphics and Image Processing 19, 1982, S. 384 - 391.

[68] *Sanzenbacher, M.; Walter, W.*
Interaktive graphische NC-Programmierung von Werkstücken mit gekrümmten Flächen.
wt - Zeitschrift für industrielle Fertigung 71, 1981, S. 473 - 476.

[69] *Scheifele, D. M.*
Grafische Simulation von Mehrschlittenbearbeitungen in der Ebene.
Simulationstechnik in der Fertigung, Kolloquium des Institut für Steuerungstechnik der Werkzeugmaschinen, Universität Stuttgart, 1986, S. 13 - 24.

[70] *Scheifele, D. M.*
Grafisch dynamische Simulation des Bearbeitungsvorganges für Doppelschlittendrehmaschinen.
ISW Forschung und Praxis, Berichte aus dem Institut für Steuerungstechnik der Werkzeugmaschinen und Fertigungseinrichtungen der Universität Stuttgart, Springer Verlag 1988.

[[71] *Schmidt, W.*
Grafikunterstütztes Simulationssystem für komplexe Bearbeitungsvorgänge in numerischen Steuerungen.
ISW Forschung und Praxis, Berichte aus dem Institut für Steuerungstechnik der Werkzeugmaschinen und Fertigungseinrichtungen der Universität Stuttgart, Springer Verlag 1988.

[72] *Schneider, H. P.*
Werkzeuge automatisch überwachen.
Industrieanzeiger Nr. 10 vom 4.2.1986, S. 44 - 46.

[73] *Schreiter, P.*
Kollisionsschutz-Einrichtungen an numerisch gesteuerten Werkzeugmaschinen.
Werkstatt und Betrieb, 1984, Nr. 8, S. 517 - 520.

[74] *Schrüfer, N.*
Grafische 3D-Simulation der NC-Bearbeitung.
wt Werkstattstechnik 78, 1988, S. 305 - 309.

[75] *Schöling, H.; Reles, T.*
Offline-Kollisionskontrolle bei Industrierobotern.
VDI Zeitschrift, 125, 1983, S. 647 - 652.

[76] *Schumann, R.*
Neuartiger Kollisionsschutz für CNC-Maschinen.
Antriebstechnik, 1983, Nr. 12, S. 27 - 28.

[77] *Shamos, M. I.; Hoey, D.*
Geometric Intersection Problems.
Proceedings seventeenth Annual Symposium on Foundations of Computer Science, 1976, S. 208 - 215.

[78] *Sielaff, W.*
Kollisionskontrolle und Zwischenraumzerspanung beim fünfachsigen NC-Umfangsfräsen von Werkstücken mit verwundenen Regelflächen.
HGF Kurzberichte, 80/65 HGF 1321 Fertigungsverfahren.

[79] *Spur, G.; Potthast, A.*
Dynamische Simulation von Bearbeitungsabläufen an numerisch gesteuerten Werkzeugmaschinen.
FhG Berichte, 1985, S. 15 - 19.

[80] *Spur, G.; Potthast, A.*
Grafisches Simulationssystem für die NC-Drehbearbeitung.
Zeitschrift für wirtschaftliche Fertigung 76, 1981, Nr. 9, S. 387 - 390.

[81] *Spur, G.; Potthast, A.*
NC-Programmkontrolle mit dynamischer Simulation bei der Drehbearbeitung.
Zeitschrift für wirtschaftliche Fertigung 76, 1981, Nr. 4, S. 153 - 155.

[82] *Streifinger, E.*
Beitrag zur Sicherung der Zuverlässigkeit und Verfügbarkeit moderner Fertigungsmittel unter besonderer Berücksichtigung von Kollisionen im Arbeitsraum.
Springer-Verlag Berlin Heidelberg New York Tokyo, 1986.

[83] *Streifinger, E.*
Ursachenforschung mobilisiert Reserven. Stillstandsanalysen verbessert Verfügbarkeit einer automatisierten Fertigung.
Instandhaltung, 14, 1986, S. 24 - 26.

[84] *Tauber, A.; Schuster, G.*
Robotersimulation - eine CIM-Komponente.
CAE Journal 4, 1988, S. 153 - 156

[85] *Trenkel, H.*
Rekursives 3D-Volumenmodell für die Kollisionskontrolle.
Fertigungstechnik und Betrieb, 39, 1989, S. 345.

[86] Voelcker, H.B.; Requicha, A.A.G.
Geometric Modelling of Mechanical Parts and Processes.
Computer Magazine, 12, 1977.

[87] Ulrich, J.
Die kinetische Energie der Motoren ist entscheidend: Verhütung von Kollisionsschäden.
Industrie Anzeiger, 1982, Nr. 45, S. 92 - 94.

[88] Warnecke, H. J.; Altenhein, A..
Zwei Verfahren zur Kollisionserkennung und Vermeidung bei der Offline-Programmierung von Industrierobotern
Robotersysteme, 2, 1986, S. 163 - 169

[89] Weck, M.; Breuer, F.
Optoelektronisches Erfassen der Rohteilgeometrie von NC-Drehteilen.
Industrie Anzeiger, 1981, Nr. 54, S. 27 - 32.

[90] Weck, M.; Pascher, M.
Sensorloses Kollissionsschutzsystem für Werkzeugmaschinen.
Industrieanzeiger Nr. 8, 1986, S. 10 - 12.

[91] Weck, M.; Pascher, M.
Mit entsprechenden Sensordaten kombinieren. Sensorloses Kollisionsschutzsystem für Werkzeugmaschinen.
Industruie Anzeiger, 1987, S. 10 - 12, 14.

[92] Weck, M.; Stöck, H. P.
Kollisionsvermeidung bei Industrierobotern.
VDI Zeitschrift, 127, 1985, S. 71 - 79.

[93] Welch, A.
Verification of NC-Programs by Simulation.
Manufacturing Engineering 85, 1980, Nr. 3, S. 77 - 82.

[94] Wrba, P.
Simulation in der Handhabungstechnik.
Springer-Verlag Berlin Heidelberg New York Tokyo, 1989.

[95] Yesilkaya, M.
Die sanfte Kollision.
KE, 11, 1986, S. 50 - 51.

[96] *Zeppelin, W. v.; Klauss, W.*
Fortschritte in der Entwicklung von CNC-Steuerungen für Drehmaschinen.
Zeitschrift für wirtschaftliche Fertigung 90, 1984, S. 257 - 267.

[97] *Zeppelin, W. v.*
Graphische Simulation erleichtert das Programmieren der NC-Drehbearbeitung.
Zeitschrift für wirtschaftliche Fertigung 77, 1982, Nr. 8, S. 353 - 357.

iwb Forschungsberichte

Berichte aus dem Institut für Werkzeugmaschinen und Betriebswissenschaften der Technischen Universität München

Herausgeber: Prof. Dr.-Ing. J. Milberg

---

1 **Streifinger, E.**
Beitrag zur Sicherung der Zuverlässigkeit und Verfügbarkeit moderner Fertigungsmittel
1986. 72 Abb. 167 Seiten, ISBN 3-540-16391-3 68,- DM

2 **Fuchsberger, A.**
Untersuchung der spanenden Bearbeitung von Knochen
1986. 90 Abb. 175 Seiten, ISBN 3-540-16392-1 68,- DM

3 **Maier, C.**
Montageautomatisierung am Beispiel des Schraubens mit Industrierobotern
1986. 77 Abb. 144 Seiten, ISBN 3-540-16393-X 68,- DM

4 **Summer, H.**
Modell zur Berechnung verzweigter Antriebsstrukturen
1986. 74 Abb. 197 Seiten, ISBN 3-540-16394-8 68,- DM

5 **Simon, W.**
Elektrische Vorschubantriebe an NC-Systemen
1986. 141 Abb. 198 Seiten, ISBN 3-540-16693-9 68,- DM

6 **Büchs, S.**
Analytische Untersuchungen zur Technologie der Kugelbearbeitung
1986. 74 Abb. 173 Seiten, ISBN 3-540-16694-7 68,- DM

7 **Hunzinger, I.**
Schneiderodierte Oberflächen
1986. 79 Abb. 162 Seiten, ISBN 3-540-16695-5 68,- DM

8 **Pilland, U.**
Echtzeit-Kollisionsschutz an NC-Drehmaschinen
1986. 54 Abb. 127 Seiten, ISBN 3-540-17274-2 68,- DM

9 **Barthelmeß, P.**
Montagegerechtes Konstruieren durch die Integration von Produkt- und Montageprozeßgestaltung
1987. 70 Abb. 144 Seiten, ISBN 3-540-18120-2 68,- DM

10 **Reithofer, N.**
Nutzungssicherung von flexibel automatisierten Produktionsanlagen
1987. 84 Abb. 176 Seiten, ISBN 3-540-18440-6 68,- DM

11 **Diess, H.**
Rechnerunterstützte Entwicklung flexibel automatisierter Montageprozesse
1988. 56 Abb. 144 Seiten, ISBN 3-540-18799-5 73,- DM

12 **Reinhart, G.**
Flexible Automatisierung der Konstruktion
und Fertigung elektrischer Leitungssätze
1988, 112 Abb. 197 Seiten, ISBN 3-540-19003-1 73,- DM

13 **Bürstner, H.**
Investitionsentscheidung in der rechnerintegrierten Produktion
1988, 77Abb. 190 Seiten, ISBN 3-540-19099-6 73,- DM

14 **Groha, A.**
Universelles Zellenrechnerkonzept für flexible Fertigungssysteme
1988, 74 Abb. 153 Seiten, ISBN 3-540-19182-8 73,- DM

15 **Riese, K.**
Klipsmontage mit Industrierobotern
1988, 92 Abb. 150 Seiten, ISBN 3-540-19183-6 73,- DM

16 **Lutz, P.**
Leitsysteme für rechnerintegrierte Auftragsabwicklung
1988, 44 Abb. 144 Seiten, ISBN 3-540-19260-3 73,- DM

17 **Klippel, C.**
Mobiler Roboter im Materialfluß eines flexiblen Fertigungssystems
1988, 86 Abb. 164 Seiten, ISBN 3-540-50468-0 73,- DM

18 **Rascher, R.**
Experimentelle Untersuchungen zur Technologie der Kugelherstellung
1989, 110 Abb. 200 Seiten, ISBN 3-540-51301-9 73,- DM

19 **Heusler, H.-J.**
Rechnerunterstützte Planung flexibler Montagesysteme
1989, 43 Abb. 154 Seiten, ISBN 3-540-51723-5 73,- DM

20 **Kirchknopf, P.**
Ermittlung modaler Parameter aus Übertragungsfrequenzgängen
1989, 57 Abb. 157 Seiten, ISBN 3-540-51724 73,- DM

21 **Sauerer, Ch.**
Beitrag für ein Zerspanprozeßmodell Metallbandsägen
1990, 89 Abb. 166 Seiten, ISBN 3-540-51868-1 78,- DM

22 **Karstedt, K.**
Positionsbestimmung von Objekten in der Montage-
und Fertigungsautomatisierung
1990, 92 Abb. 157 Seiten, ISBN 3-540-51879-7 78,- DM

23 **Peiker, St.**
Entwicklung eines integrierten NC-Planungssystems
1990, 66 Abb. 180 Seiten, ISBN 3-540-51880-0 78,- DM

24 **Schugmann, R.**
Nachgiebige Werkzeugaufhängungen für die automatische Montage
1990. 71 Abb. 155 Seiren, ISBN 3-540-52138-0 78,- DM

25 **Wrba, P**
Simulation als Werkzeug in der Handhabungstechnik
1990, 125 Abb., 178 Seiten, ISBN 3-540-52231-X 78,- DM

26 **Eibelshäuser, P.**
Rechnerunterstützte experimentelle Modalanalyse
mitells gestufter Sinusanregung
1990, 79 Abb., 156 Seiten, ISBN 3-540-52451-7 78,- DM

27 **Prasch, J.**
Computerunterstützte Planung von chirurgischen Eingriffen
in der Orthopädie
1990, 113 Abb., 164 Seiten, ISBN 3-540-52543-2 78,- DM

28 **Teich, K.**
Prozeßkommunikation und Rechnerverbund in der Produktion
1990, 52 Abb., 158 Seiten, ISBN 3-540-52764-8 78,- DM

29 **Pfrang, W.**
Rechnergestützte und graphische Planung manueller
und teilautomatisierter Arbeitsplätze
1990, 59 Abb., 153 Seiten, ISBN 3-540-52829-6 78,- DM

30 **Tauber, A.**
Modellbildung kinematischer Stukturen
als Komponente der Montageplanung
1990, 93 Abb., 190 Seiten, ISBN 3-540-52911-X 78,- DM

31 **Jäger, A.**
Systematische Planung komplexer Produktionssysteme
1991, 75 Abb., 148 Seiten, ISBN 3-540-53021-5 78,- DM

32 **Hartberger, H.**
Wissensbasierte Simulation komplexer Produktionssysteme
1991, 58 Abb., 154 Seiten, ISBN 3-540-53326-5 78,- DM

33 **Tuczek H.**
Inspektion von Karosseriepreßteilen auf Risse und Einschnürungen
mittels Methoden der Bildverarbeitung
1991, 125 Abb., 179 Seiten, ISBN 3-540-25062-X 78,- DM

34 **Fischbacher, J.**
Planungsstrategien zur strömungstechnischen Optimierung
von Reinraum-Fertigungsgeräten
1991, 60 Abb., 166 Seiten, ISBN 3-540-54027-X 78,- DM

Die Bände sind im Erscheinungsjahr und in den folgenden drei Kalenderjahren
zu beziehen durch den örtlichen Buchhandel
oder durch Lange & Springer, Otto-Suhr-Allee 26-28, D-Berlin 10